ATLAS OF WILDLIFE
IN SOUTHWEST CHINA

中国西南
野生动物图谱

两栖动物卷　　AMPHIBIAN

朱建国　总主编　饶定齐　主　编

北京出版集团
北京出版社

图书在版编目（CIP）数据

中国西南野生动物图谱. 两栖动物卷 / 朱建国总主编；饶定齐主编. — 北京：北京出版社，2020.11
ISBN 978-7-200-15260-9

Ⅰ. ①中… Ⅱ. ①朱… ②饶… Ⅲ. ①两栖动物—西南地区—图谱 Ⅳ. ① Q958.527-64

中国版本图书馆 CIP 数据核字（2019）第 301779 号

中国西南野生动物图谱　两栖动物卷
ZHONGGUO XINAN YESHENG DONGWU TUPU　LIANGQI DONGWU JUAN

朱建国　总主编
饶定齐　主　编

*

北京出版集团　出版
北京出版社

（北京北三环中路 6 号）
邮政编码：100120

网　址：www.bph.com.cn
北京出版集团总发行
新　华　书　店　经　销
天津市银博印刷集团有限公司印刷

*

210 毫米 × 285 毫米　28 印张　500 千字
2020 年 11 月第 1 版　2023 年 4 月第 2 次印刷
ISBN 978-7-200-15260-9
定价：498.00 元
如有印装质量问题，由本社负责调换
质量监督电话：010-58572393

中国西南野生动物图谱

主　　任　季维智（中国科学院院士）
副 主 任　李清霞（北京出版集团有限责任公司）
　　　　　朱建国（中国科学院昆明动物研究所）

编　　委　马晓锋（中国科学院昆明动物研究所）
　　　　　饶定齐（中国科学院昆明动物研究所）
　　　　　买国庆（中国科学院动物研究所）
　　　　　张明霞（中国科学院西双版纳热带植物园）
　　　　　刘　可（北京出版集团有限责任公司）

总 主 编　朱建国
副总主编　马晓锋　饶定齐　买国庆

中国西南野生动物图谱　两栖动物卷

主　　编　饶定齐
副 主 编　朱建国　马晓锋　曾晓茂
编　　委　（按姓名拼音顺序排列）
　　　　　陈伟才　辉　洪　李仕泽　刘　硕　覃海华
　　　　　田应洲　赵　蕙　赵俊军　郑渝池

参　　与

编写人员　（按姓名拼音顺序排列）

何圆圆　侯东敏　刘　宇　饶静秋　杨彦慧

摄　　影　（按姓名拼音顺序排列）

陈伟才　范　毅　谷晓明　侯　勉　黄　勇　辉　洪
李仕泽　刘　硕　马晓锋　莫运明　覃海华　卿立燕
饶定齐　饶静秋　孙国政　田应洲　汪继超　王继山
熊建利　杨大同　杨典成　袁智勇　曾晓茂　张明旺
赵　蕙　郑渝池　朱建国

主编简介

朱建国，副研究员、硕士生导师。主要从事保护生物学、生态学和生物多样性信息学研究。将动物及相关调查数据与遥感卫星数据等相结合，开展濒危物种保护与对策研究。围绕中国生物多样性保护热点区域、天然林保护工程、退耕还林工程和自然保护区等方面，开展变化驱动力、保护成效、优先保护或优先恢复区域的对策分析等研究。在 *Conservation Biology*、*Biological Conservation* 等杂志上发表论文40余篇，是《中国云南野生动物》《中国云南野生鸟类》等6部专著的副主编或编委，《正在消失的美丽 中国濒危动植物寻踪》（动物卷）主编。建立中国动物多样性网上共享主题数据库20多个。主编中国数字科技馆中的"数字动物馆""湿地——地球之肾馆"以及中国科普博览中的"动物馆"等。

饶定齐，副研究员、博士。主要从事两栖类和爬行类的分类与系统发育研究，并致力于珍稀濒危两栖类和爬行类物种的保护工作。现担任中国动物学会两栖爬行动物学会常务理事、中国动物学会两栖爬行动物学会专业委员会委员、中华人民共和国濒危物种科学委员会协审专家、云南濒危物种科学委员会协审专家、云南省动物学会理事、《亚洲两栖爬行动物学研究》（*Asian Herpetological Research*，简称AHR）编委。先后主持国家自然科学基金面上项目9项，省部级及其他类项目40多项。已在多种刊物上发表论文90多篇，其中以第一或通讯作者身份在国内外核心刊物上发表论文60篇，43篇为SCI收录刊物；参与编写《横断山两栖爬行动物》《中国云南野生动物》等专著，共同主编了《云南两栖爬行动物》。

序

　　中国大西南地区泛指西藏、四川、云南、重庆、贵州和广西6省（自治区、直辖市），面积约260万 km^2，约占我国陆地面积的27.1%；人口约2.5亿，约占我国人口总数的18%。在这仅占全球陆地面积不到1.7%的区域内，分布有北热带、南亚热带、中亚热带、北亚热带、高原温带、高原亚寒带等气候类型。从世界最高峰到北部湾海岸线，其间分布有全世界最丰富的山地、高原、峡谷、丘陵、盆地、平原、喀斯特、洞穴等各种复杂的自然地形和地貌，以及大小不等的江河、湖泊、湿地等自然水域类型。区域内分布有青藏高原和云贵高原，包括喜马拉雅山脉、藏北高原、藏南谷地、横断山脉、四川盆地、两广丘陵、云南南部谷地和山地丘陵等特殊地貌；有怒江、澜沧江、长江、珠江四大水系以及沿海诸河、地下河水系，还有成百上千的湖泊、水库及湿地。此区域横跨东洋界和古北界两大生物地理分布区，有我国39个世界地质公园中的7个，34个世界生物圈保护区中的11个，13个世界自然遗产地中的8个，57个国际重要湿地中的11个，474个国家级自然保护区中的102个位于此区域。如此复杂多样和独特的气候、地形地貌和水域湿地等，造就了西南地区拥有从热带到亚寒带的多种生态系统类型和丰富的栖息地类型，产生了全球最为丰富和独特的生物多样性。此区域拥有的陆生脊椎动物物种数占我国物种总数的73%，更有众多特有种仅分布于此。这里还是我国文化多样性最丰富的地区，在我国56个民族中，有36个为此区域的世居民族，不同民族的传统文化和习俗对自然、环境和物种资源的利用都有不同的理念、态度和方式，对自然保护有着深远的影响。这里也是我国社会和经济发展较为落后的区域，在1994年国家认定的全国22个省592个国家级贫困县中，有274个（约占46%）在此区域。同时，这里还是发展最为迅速的区域，在2013—2018年这6年间，我国大陆31个省（自治区、直辖市）的GDP增速排名前三的省（自治区、直辖市）基本都出自西南地区。这里一方面拥有丰富、多样而独特的资源本底，另一方面正经历着历史上最快的变化，加上气候变化、外来物种影响等，这一区域的生命支持系统正在遭受前所未有的压力和破坏，同时也受到了国内外的高度关注，在全球36个生物多样性保护热点地区中，我国被列入其中的有3个地区——印缅地区、中国西南山地和喜马拉雅，它们在我国的范围全部位于此区域。

由于独特而显著的区域地质和地理学特征，我国西南地区拥有丰富的动物物种和大量的特有属种，备受全球生物学家、地学家以及社会公众的关注。但因地形地貌复杂、山高林密、交通闭塞、野生动物调查难度大，对此区域野生动物种类、种群、分布和生态等认识依然有不足。近一个世纪以来，特别是在新中国成立后，我国科研工作者为查清动物本底资源，长年累月跋山涉水、栉风沐雨、风餐露宿、不惜血汗，有的甚至献出了宝贵的生命。通过长期系统的调查和研究工作，收集整理了大量的第一手资料，以科学严谨的态度，逐步揭示了我国西南地区动物的基本面貌和演化形成过程。随着科学的不断发展和技术的持续进步，生命科学领域对新理论、新方法、新技术和新手段的探索也从未停止过，人类正从不同层次和不同角度全方位地揭示生命的奥秘，一些传统的基础学科如分类学、生态学的研究方法和手段也在不断进步和发展中。如分子系统学的迅速发展和广泛应用，极大地推动了系统分类学的研究，不断揭示和澄清了生物类群之间的亲缘关系和演化过程。利用红外相机阵列、自动音频记录仪、卫星跟踪器等采集更多的地面和空间数据，通过高通量条形码技术对动物、环境等混合DNA样本进行分子生态学分析，应用遥感和地理信息系统空间分析、物种分布模型、专家模型、种群遗传分析、景观分析等技术，解析物种或种群景观特征、栖息地变化、人类活动变化、气候变化等因素对物种特别是珍稀濒危物种的分布格局、生境需求与生态阈值、生存与繁衍、种群动态、行为适应模式和遗传多样性的影响，对物种及其生境进行长期有效的监测、管理和保护。

生命科学以其特有的丰富多彩而成为大众及媒体关注的热点之一，强烈地吸引着社会公众。动物学家和自然摄影师忍受常人难以想象的艰辛，带着对自然的敬畏，拍摄记录了野生动物及其栖息地现状的珍贵影像资料，用影像语言展示生态魅力、生态故事和生态文明建设成果，成为人们了解、认识多姿多彩的野生动物及其栖息地，了解美丽中国丰富多彩的生物多样性的重要途径。本丛书集中反映了我国几代动物学家对我国西南地区动物物种多样性研究的成果，在分类系统和物种分类方面采纳或采用了国内外的最新研究成果，以图文并茂的方式，系统描绘和展示了我国西南地区约 2000 种野生动物在自然状态下的真实色彩、生存环境和行为状态,其中很多画面是常人很难亲眼看到的,有许多物种,尤其是本丛书发表的 24 个新种是第一次以彩色照片的形式向世人展露其神秘的真容;由于环境的改变和人为破坏,少数照片因物种趋于濒危或灭绝而愈显珍贵,可能已成为某些物种的"遗照"或孤版。本丛书兼具科研参考价值和科普价值,对于传播科学知识、提高公众对动物多样性的理解和保护意识,唤起全社会公众对野生动物保护的关注,吸引更多的人投身于野生动物科研和保护都具有重要而特殊的意义。在此,我谨对本丛书的作者和编辑们的努力表示敬意,对他们取得的成果表示祝贺,并希望他们能不断创新,获得更大的成绩。

中国科学院院士

2019 年 9 月于昆明

前言

中国大西南地区泛指西藏、四川、云南、重庆、贵州和广西6省（自治区、直辖市），其中广西通常被归于华南地区，本丛书之所以将其纳入西南地区：一是因为广西与云南、贵州紧密相连，其西北部也是云贵高原的一部分；二是从地形来看，广西地处云贵高原与华南沿海的过渡区，是云南南部热带地区与海南热带地区的过渡带；三是从动物组成来看，广西西部、北部与云南和贵州的物种关系紧密，动物通过珠江水系与贵州、云南进行迁徙和交流，物种区系与传统的西南可视为一个整体。由此6省（自治区、直辖市）组成的西南区域面积约260万km^2，约占我国陆地面积的27.1%；人口约2.5亿，约为我国人口总数的18%。此区域北与新疆、青海、甘肃和陕西互连，东与湖北、湖南和广东相邻，西与印度、尼泊尔、不丹交界，南与缅甸、老挝和越南接壤。

一、复杂多姿的地形地貌

在这片仅占我国陆地面积27.1%，占全球陆地面积不到1.7%的区域内，有从北热带到高原亚寒带等多种气候类型；从世界最高峰到北部湾的海岸线，其间分布有青藏高原和云贵高原，包括喜马拉雅山脉、藏北高原、藏南谷地、横断山脉、四川盆地、两广丘陵、云南南部谷地和山地丘陵等特殊地貌；境内有怒江、澜沧江、长江、珠江四大水系，沿海诸河以及地下河水系，还有数以千计的湖泊、湿地等自然水域类型。

1. 气势恢宏的山脉

我国西南地区从西部的青藏高原到东南部的沿海海滨，地形呈梯级式分布，从最高的珠穆朗玛峰一直到海平面，相对高差达8844 m。西藏拥有全世界14座最高峰（海拔8000 m以上）中的7座，从北向南主要有昆仑山脉、喀喇昆仑山—唐古拉山脉、冈底斯—念青唐古拉山脉和喜马拉雅山脉。昆仑山脉位于青藏高原北部，全长约2500 km，宽约150 km，主体海拔5500~6000 m，有"亚洲脊柱"之称，是我国永久积雪与现代冰川最集中的地区之一，有大小冰川近千条。喀喇昆仑山脉耸立于青藏高原西北侧，主体海拔6000 m；唐古拉山脉横卧青藏高原中部，主体部分海拔6000 m，相对高差多在500 m，是长江的发源地。冈底斯—念青唐古拉山脉横亘在西藏中部，全长约1600 km，宽约80 km，主体海拔5800~6000 m，超过6000 m的山峰有25座，雪盖面积大，遍布山谷冰川和冰斗冰川。喜马拉雅山脉蜿蜒在青藏高原南缘的中国与印度、尼泊尔交界线附近，被称为"世界屋脊"，由许多平行的山脉组成，其主要部分长2400 km，宽200~300 km，主体海拔在6000 m以上。

横断山脉位于青藏高原之东的四川、云南、西藏三省（自治区）交界，由一系列南北走向的山岭和山谷组成，北部山岭海拔5000 m左右，南部降至4000 m左右，谷地自北向南则明显加深，山岭与河谷的高差为1000~4000 m。在此区域耸立着主体海拔2000~3000 m的苍山、无量山、哀牢山，以及轿子山等。

滇东南的大围山等山脉，海拔已降至2000 m左右，与缅甸、老挝、越南交界地区大多都在海拔1000 m以下。云南东北部的乌蒙山最高峰海拔4040 m，至贵州境内海拔降至2900 m，为贵州省最高点；贵州北部有大娄山，南部有苗岭，东北有武陵山，由湖南蜿蜒进入贵州和重庆；重庆地处四川盆地东部，其北部、东部及南部有大巴山、巫山、武陵山、大娄山等环绕。广西地处云贵高原东南边缘，位于两广丘陵西部，南临北部湾海面，中部和南部多丘陵平地，呈盆地状，有"广西盆地"之称；广西的山脉分为盆地边缘山脉和盆地内部山脉两类，以海拔800 m以上的中山为主，海拔400~800 m的低山次之。

2. 奔腾咆哮的江河

许多江河源于青藏高原或云南高原。雅鲁藏布江、伊洛瓦底江和怒江为印度洋水系。澜沧江、长江、元江和珠江，加上四川西北部的黄河支流白河、黑河为太平洋水系，分别注入东海、南海或渤海。在西藏还有许多注入本地湖泊的内流河水系；广西南部还有独自注入北部湾的独流水系。

雅鲁藏布江发源于西藏南部喜马拉雅山脉北麓的杰马央宗冰川，由西向东横贯西藏南部，是中国海拔最高的大河之一，由藏南进入印度后称布拉马普特拉河，进入孟加拉国后称为贾木纳河，在孟加拉国境内与恒河相汇，最后注入孟加拉湾。伊洛瓦底江的东源头在西藏察隅附近，流入云南后称独龙江，向西流入缅甸，与发源于缅甸北部山区的西源头迈立开江汇合后始称伊洛瓦底江；位于云南西部的大盈江、龙川江也是其支流，最后在缅甸注入印度洋的缅甸海。怒江发源于西藏唐古拉山脉吉热格帕峰南麓，流经西藏东部和云南西北部，进入缅甸后称萨尔温江，最后注入印度洋缅甸海。澜沧江发源于我国青海省南部的唐古拉山脉北麓，流经西藏东部、云南，到缅甸后称为湄公河，继续流经老挝、泰国、柬埔寨和越南后注入太平洋南海。长江发源于青藏高原，其干流流经本区的西藏、四川、云南、重庆，最后注入东海，其数百条支流辐辏我国南北，包括本区的贵州和广西。四川西北部的白河、黑河由南向北注入黄河水系。元江发源于云南大理白族自治州巍山彝族回族自治县，并有支流流经广西，进入越南后称红河，最后流入北部湾。南盘江是珠江上游，发源于云南，流经本区的贵州、广西后，由广东流入南海。广西南部地区的独流入海水系指独自注入北部湾的河流。

西南地区的大部分河流山区性特征明显，江河的落差都很大，上游河谷开阔、水流平缓、水量小；中游河谷束放相间、水流湍急；下游河谷深切狭窄、水量大、水力资源丰富。如金沙江的三峡以及怒江有"一滩接一滩，一滩高十丈"和"水无不怒石，山有欲飞峰"之说。有的江河形成壮观的瀑布，如云南的大叠水瀑布、三潭瀑布群、多依河瀑布群，广西的德天瀑布等。我国西南地区被纵横交错、大大小小的江河水系分隔成众多的、差异显著的条块，有利于野生动物生存和繁衍生息。

3. 高原珍珠——湖泊与湿地

西藏有上千个星罗棋布的湖泊，其中湖面面积大于 1000 km² 的有 3 个，1～1000 km² 的有 609 个；云南有 30 多个大大小小的与江河相通的湖泊。西藏和云南的湖泊大多为海拔较高的高原湖泊。贵州有 31 个湖泊，广西主要的湖泊有南湖、榕湖、东湖、灵水、八仙湖、经萝湖、大龙潭、苏关塘和连镜湖等。众多的湖泊和湖周的沼泽深浅不一，有丰富的水生植物和浮游生物，为水禽和湖泊鱼类提供了优良的食物条件和生存环境，这是这一地区物种繁多的重要原因。

二、纷繁的动物地理区系

在地球的演变过程中，我国西南地区曾发生过大陆分裂和合并、漂移和碰撞，引发地壳隆升、高原抬升、河流和湖泊形成，以及大气环流改变等各种地质和气候事件。由于印度板块与欧亚板块的碰撞和相对位移，青藏高原、云贵高原抬升，形成了众多巨大的山系和峡谷，并产生了东西坡、山脉高差等自然分隔，既有纬度、经度变化，又有垂直高度变化，引起了气候变化，并导致了植被类型的改变。受植被分化影响，原本可能是连续分布的动物居群在水平方向上（经度、纬度）或垂直方向上（海拔）被分隔开，出现地理隔离和生态隔离现象，动物种群间彼此不能进行"基因"交流，在此情况下，动物面临生存的选择，要么适应新变化，在形态、生理和遗传等方面都发生改变，衍生出新的物种或类群；要么因不能适应新环境而灭绝。

中国在世界动物地理区划中共分为 2 界、3 亚界、7 区、19 亚区，西南地区涵盖了其中的 2 界、2 亚界、4 区、7 亚区（表 1）。

1. 青藏区

青藏区包括西藏、四川西北部高原，分为羌塘高原亚区和青海藏南亚区。

羌塘高原亚区：位于西藏西北部，又称藏北高原或羌塘高原，总体海拔 4500～5000 m，每年有半年冰雪封冻期，长冬无夏，植物生长期短，植被多为高山草甸、草原、灌丛和寒漠带，有许多大小不等的湖泊。动物区系贫乏，少数适应高寒条件的种类为优势种。兽类中食肉类的代表是香鼬，数量较多的有野牦牛、藏野驴、藏原羚、藏羚、岩羊、西藏盘羊等有蹄类，啮齿

表1 中国西南动物地理区划

界/亚界	区	亚区	动物群
古北界/中亚亚界	青藏区	羌塘高原亚区	羌塘高地寒漠动物群
			昆仑高山寒漠动物群
			高原湖盆山地草原、草甸动物群
		青海藏南亚区	藏南高原谷地灌丛草甸、草原动物群
			青藏高原东部高地森林草原动物群
东洋界/中印亚界	西南区	喜马拉雅亚区	西部热带山地森林动物群
			察隅—贡山热带山地森林动物群
		西南山地亚区	东北部亚热带山地森林动物群
			横断山脉热带—亚热带山地森林动物群
			云南高原林灌、农田动物群
	华中区	西部山地高原亚区	四川盆地亚热带林灌、农田动物群
			贵州高原亚热带常绿阔叶林灌、农田动物群
			黔桂低山丘陵亚热带林灌、农田动物群
	华南区	闽广沿海亚区	沿海低丘地热带农田、林灌动物群
			滇桂丘陵山地热带常绿阔叶林灌、农田动物群
		滇南山地亚区	滇西南热带—亚热带山地森林动物群
			滇南热带森林动物群

类则以高原鼠兔、灰尾兔、喜马拉雅旱獭和其他小型鼠类为主。鸟类代表是地山雀、棕背雪雀、白腰雪雀、藏雪鸡、西藏毛腿沙鸡、漠鹛、红嘴山鸦、黄嘴山鸦、胡兀鹫、岩鸽、雪鸽、黑颈鹤、棕头鸥、斑头雁、赤麻鸭、秋沙鸭和普通燕鸥等。这里几乎没有两栖类，爬行类也只有红尾沙蜥、西藏沙蜥等少数几种。

青海藏南亚区：系西藏昌都地区，喜马拉雅山脉中段、东段的高山带以及北麓的雅鲁藏布江谷地，主体海拔6000 m，有大面积的冻原和永久冰雪带，气候干寒，垂直变化明显，除在东南部有高山针叶林外，主要是高山草甸和灌丛。兽类以啮齿类和有蹄类为主，如鼠兔、中华鼢鼠、白唇鹿、马鹿、麝、狍等，猕猴在此达到其分布的最高海拔（3700～4200 m）。高山森林和草原中鸟类混杂，有不少喜马拉雅—横断山区鸟类或只见于本亚区局部地区的鸟类，如血雉、白马鸡、环颈雉、红腹角雉、绿尾虹雉、红喉雉鹑、黑头金翅雀、雪鸽、藏雀、朱鹀、藏鹀、黑头噪鸦、灰腹噪鹛、棕草鹛、红腹旋木雀等。爬行类中有青海沙蜥、西藏沙蜥、拉萨岩蜥、喜山岩蜥、拉达克滑蜥、高原蝮、西藏喜山蝮和温泉蛇等，但通常数量稀少。两栖类以高原物种为特色，倭蛙属、齿突蟾属物种为此区域的优势种，常见的还有山溪鲵和几种蟾蜍、异角蟾、湍蛙等。

2. 西南区

西南区包括四川西部山区、云贵高原以及西藏东南缘，以高原山地为主体，从北向南逐渐形成高山深谷和山岭纵横、山河并列的横断山系，主体海拔1000～4000 m，最高的贡嘎山山峰高达7556 m；在云南西部，谷底至山峰的高差可达3000 m以上。分为喜马拉雅亚区和西南山地亚区。

喜马拉雅亚区：其中的喜马拉雅山南坡及波密—察隅针叶林带以下的山区自然垂直变化剧烈，植被也随海拔变化而呈现梯度变化，有高山灌丛、草甸、寒漠冰雪带（海拔4200 m以上），山地寒温带暗针叶林带（海拔3800～4200 m），山地暖温带针阔叶混交林带（海拔2300～3800 m），山地亚热带常绿阔叶林带（海拔1100～2300 m），低山热带雨林带（海拔1100 m以下）；自阔叶林带以下属于热带气候。

藏东南高山区的动物偏重于古北界成分，种类贫乏；低山带以东洋界种类占优势，分布狭窄的土著种较丰富。由于雅鲁藏布江伸入喜马拉雅山主脉北翼，在大拐弯区形成的水汽通道成为东洋界动物成分向北伸延的豁口，亚热带阔叶林、山地常绿阔叶带以东洋界成分较多，东洋界与古北界成分沿山地暗针叶林上缘相互交错。兽类的代表物种有不丹羚牛、小熊猫、麝、塔尔羊、灰尾兔、灰鼠兔；鸟类的代表有红胸角雉、灰腹角雉、棕尾虹雉、褐喉旋木雀、火尾太阳鸟、绿背山雀、杂色噪鹛、红眉朱雀、红头灰雀等；爬行类有南亚岩蜥、喜山小头蛇、喜山钝头蛇；两栖类以角蟾科和树蛙科物种占优，特有种如喜山蟾蜍、齿突蟾属部分物种和舌突蛙属物种。

西南山地亚区：主要指横断山脉。总体海拔2000～3000 m，分属于亚热带湿润气候和热带—亚热带高原型湿润季风气候。植被类型主要有高山草甸、亚高山灌丛草甸，以铁杉、槭和桦为标志的针阔叶混交林—云杉林—冷杉林，亚热带山地常绿阔叶林。横断山区不仅是很多物种的分化演替中心，而且也是北方物种向南扩展、南方物种向北延伸的通道，这种相互渗透的南北区系成分，造就了复杂的动物区系和物种组成。

兽类南方型和北方型交错分布明显，北方种类分布偏高海拔带，南方种类分布偏低海拔带。分布在高山和亚高山的代表性物种有滇金丝猴、黑麝、羚牛、小熊猫、大熊猫、灰颈鼠兔等；猕猴、短尾猴、藏酋猴、西黑冠长臂猿、穿山甲、狼、豺、赤狐、貉、黑熊、大灵猫、小灵猫、果子狸、野猪、赤麂、水鹿、北树鼩。有多种菊头蝠和蹄蝠等广泛分布在本亚区；本亚区还是许多食虫类动物的分布中心。

繁殖鸟和留鸟以喜马拉雅—横断山区的成分比重较大，且很多为特有种；冬候鸟则以北方类型为主。分布于亚高山的有藏雪鸡、黄喉雉鹑、血雉、红胸角雉、红腹角雉、白尾梢虹雉、绿尾虹雉、藏马鸡、白马鸡以及白尾鹞、燕隼等。黑颈长尾雉、白腹锦鸡、环颈雉栖息于常绿阔叶林、针阔叶混交林及落叶林或林缘山坡草灌丛中。绿孔雀主要分布在滇中、滇西的常绿阔叶林、落叶松林、针阔叶混交林和稀树草坡环境中。灰鹤、黑颈鹤、黑鹳、白琵鹭、大天鹅，以及鸳鸯、秋沙鸭等多种雁鸭类冬天到本亚区越冬，喜在湖泊周边湿地、沼泽以及农田周边觅食。

两栖和爬行动物几乎全属横断山型，只有少数南方类型在低山带分布，土著种多。爬行类代表有在山溪中生活的平胸龟、云南闭壳龟、黄喉拟水龟；在树上、地上生活的丽棘蜥、裸耳龙蜥、云南龙蜥、白唇树蜥；在草丛中生活的昆明龙蜥、山滑蜥；在雪线附近生活的雪山蝮、高原蝮；在土壤中穴居生活的云南两头蛇、白环链蛇、紫灰蛇、颈棱蛇；营半水栖生活的八线腹链蛇；生活在稀树灌丛或农田附近的红脖颈槽蛇、银环蛇、金花蛇、中华珊瑚蛇、眼镜蛇、白头蝰、美姑脊蛇、白唇竹叶青、方花蛇等。我国特有的无尾目4个属均集中分布在横断山区，山溪鲵、贡山齿突蟾、刺胸齿突蟾、胫腺蛙、腹斑倭蛙等生活在海拔3000 m以上的地下泉水出口处或附近的水草丛中；大蹼铃蟾、哀牢髭蟾、筠连臭蛙、花棘蛙、棘肛蛙、棕点湍蛙、金江湍蛙等常生活在常绿阔叶林下的小山溪或溪旁潮湿的石块下，或苔藓、地衣覆盖较好的环境中或树洞中。

3. 华中区

西南地区只涉及华中区的西部山地高原亚区，主要包括秦岭、淮阳山地、四川盆地、云贵高原东部和南岭山地。地势西高东低，山区海拔一般为 500～1500 m，最高可超过 3000 m。从北向南分别属于温带—亚热带、湿润—半湿润季风气候和亚热带湿润季风气候。植被以次生阔叶林、针阔叶混交林和灌丛为主。

西部山地高原亚区：北部秦巴山的低山带以华北区动物为主，高山针叶林带以上则以古北界动物为主，南部贵州高原倾向于华南区动物，四川盆地由于天然森林为农耕及次生林灌取代，动物贫乏。典型的林栖动物保留在大巴山、金佛山、梵净山、雷山等山区森林中，如猕猴、藏酋猴、川金丝猴、黔金丝猴、黑叶猴、林麝等；营地栖生活的赤腹松鼠、长吻松鼠、花松鼠为许多地区的优势种；岩栖的岩松鼠是林区常见种；毛冠鹿生活于较偏僻的山区；小麂、赤麂、野猪、帚尾豪猪、北树鼩、三叶蹄蝠、斑林狸、中国鼩猬、华南兔较适应次生林灌环境；平原农耕地区常见的是鼠类，如褐家鼠、小家鼠、黑线姬鼠、高山姬鼠、黄胸鼠、针毛鼠或大足鼠、中华竹鼠。本亚区代表性鸟类有灰卷尾、灰背伯劳、噪鹛、大嘴乌鸦、灰头鸦雀、红腹锦鸡、灰胸竹鸡、白领凤鹛、白颊噪鹛等；贵州草海是重要的水禽、涉禽和其他鸟类，如黑颈鹤等的栖息地或越冬地。爬行动物主要有铜蜓蜥、北草蜥、虎斑颈槽蛇、乌华游蛇、黑眉晨蛇、乌梢蛇、王锦蛇、玉斑蛇、紫灰蛇等。本亚区两栖动物以蛙科物种为主，角蟾科次之，是有尾类大鲵属、小鲵属、肥鲵属和拟小鲵属的主要分布区。

4. 华南区

本丛书涉及的华南区大约为北纬25°以南的云南、广西及其沿海地区。以山地、丘陵为主，还分布有平原和山间盆地。除河谷和沿海平原外，海拔多为500～1000 m。是我国的高温多雨区，主要植被是季雨林、山地雨林、竹林，以及次生林、灌丛和草地。可分为闽广沿海亚区和滇南山地亚区。

闽广沿海亚区：在本丛书范围内系指广西南部，属亚热带湿润季风气候。地形主要是丘陵以及沿河、沿海的冲积平原。本亚区每年冬季有大量来自北方的冬候鸟，是我国冬候鸟种类最多的地区；其他代表性鸟类有褐胸山鹧鸪、棕背伯劳、褐翅鸦鹃、小鸦鹃、叉尾太阳鸟、灰喉山椒鸟等。爬行类与两栖类区系组成整体上是华南区与华中区的共有成分，以热带成分为标志，如爬行类有截趾虎、原尾蜥虎、斑飞蜥、变色树蜥、长鬣蜥、长尾南蜥、鳄蜥、古氏草蜥、黑头剑蛇、金花蛇、泰国圆斑蝰等，两栖类有尖舌浮蛙、花狭口蛙、红吸盘棱皮树蛙、小口拟角蟾、瑶山树蛙、广西拟髭蟾、金秀纤树蛙、广西瘰螈等。

滇南山地亚区：包括云南西部和南部，是横断山脉的南延部分，高山峡谷已和缓，有不少宽谷盆地出现，属于亚热带—热带高原型湿润季风气候。植被类型主要为常绿阔叶季雨林，有些低谷为稀树草原，本亚区与中南半岛毗连，栖息条件优越。

本亚区南部东洋型动物成分丰富，兽类和繁殖鸟中有一些属喜马拉雅—横断山区成分，但冬候鸟则以北方成分为主。一些典型的热带物种，如兽类中的蜂猴、东黑冠长臂猿、亚洲象、鼷鹿，鸟类中的鹦鹉、蛙口夜鹰、犀鸟、阔嘴鸟等，其分布范围大都以本亚区为北限。热带森林中，优越的栖息条件导致动物优势种类现象不明显，在一定的区域环境内，往往栖息着许多习性相似的种类。食物丰富则有利于一些狭食性和专食性动物，如热带森林中嗜食白蚁的穿山甲，专食竹类和山姜子根茎的竹鼠，以果类特别是榕树果实为食的绿鸠、犀鸟、拟啄木鸟、鹎、啄花鸟和太阳鸟等，以及以蜂类为食的蜂虎。我国其他地方普遍存在的动物活动的季节性变化在本亚区并不明显。

兽类有许多适应于热带森林的物种，如林栖的中国毛猬、东黑冠长臂猿、北白颊长臂猿、倭蜂猴、马来熊、大斑灵猫、亚洲象；在雨林中生活，也会到次生林和稀树草坡休息的印度野牛、水鹿；热带丘陵草灌丛中的小鼷鹿；洞栖的蝙蝠类；热带竹林中的竹鼠等。鸟类的热带物种代表之一是大型鸟类，如栖息在大型乔木上的犀鸟，喜在林缘、次生林及水域附近活动的红原鸡、灰孔雀雉、绿孔雀、水雉；中小型代表鸟类有绿皇鸠、山皇鸠、灰林鸽、黄胸织雀、长尾阔嘴鸟、蓝八色鸫、绿胸八色鸫、厚嘴啄花鸟、黄腰太阳鸟等。喜湿的热带爬行动物非常丰富，陆栖型的如凹甲陆龟、锯缘摄龟；在林下山溪或小河中的山瑞鳖，在大型江河中的鼋；喜欢在村舍房屋缝隙或树洞中生活的壁虎科物种；草灌中的长尾南蜥、多线南蜥；树栖的斑飞蜥、过树蛇；穴居的圆鼻巨蜥、伊江巨蜥、蟒蛇；松软土壤里的闪鳞蛇、大盲蛇；喜欢靠近水源的金环蛇、银环蛇、眼镜蛇、丽纹腹链蛇。本区两栖动物繁多，树蛙科和姬蛙科属种尤为丰富。较典型的代表有生活在雨林下山溪附近的版纳鱼螈、滇南臭蛙、版纳大头蛙、勐养湍蛙。树蛙科物种常见于雨林中的树上、林下灌丛、芭蕉林中，有喜欢在静水水域的姬蛙科物种以及虎纹蛙、版纳水蛙、黑斜线水蛙、黑带水蛙，还有体形特别小的圆蟾舌蛙、尖舌浮蛙等。

三、特点突出的野生动物资源

西南地区由于地理位置特殊、海拔高差巨大、地形地貌复杂，从而形成了从热带直到寒带的多种气候类型，以及相应的复杂而丰富多彩的生境类型，不但让各类动物找到了相适应的环境条件，也孕育了多姿多彩的动物物种多样性和种群结构的特殊性。

1. 物种多样性丰富

我国西南地区海拔的垂直变化从海平面到海拔 8844 m，巨大的海拔高差导致了巨大的气候、植被和栖息地类型变化，从常绿阔叶林到冰川冻原，不同海拔高度的生境类型多呈镶嵌式分布，形成了可孕育丰富多彩的野生动物多样性的环境。世界动物地理区划的东洋界和古北界的分界线正好穿过我国西南地区，两界的动物成分在水平方向和海拔垂直高度两个维度上相互交错和渗透。西南地区成为我国乃至全世界在目、科、属、种及亚种各分类阶元分化和数量都最为丰富的区域。虽然西南地区只占我国陆地面积的 27%，但从表 2 可看到，所分布的已知脊椎动物物种数（未含鱼类）却占了全国物种总数的 73.6%。

在哺乳动物方面，根据蒋志刚等《中国哺乳动物多样性（第 2 版）》（2017）和《中国哺乳动物多样性及地理分布》（2015）以及其他文献统计，中国已记录哺乳动物 13 目 56 科 251 属 698 种；其中有 12 目 43 科 176 属 452 种分布在西南 6 省（自治区、直辖市），依次分别占全国的 92%、77%、70% 和 65%。在鸟类方面，根据郑光美等《中国鸟类分类与分布名录（第 3 版）》（2017）以及其他文献统计，中国已记录鸟类 26 目 109 科 504 属 1474 种；其中有 25 目 104 科 450 属

表2 中国西南脊椎动物物种数（未含鱼类）统计

	哺乳类	鸟类	爬行类	两栖类	合计	占比(%)
云南	313	952	215	215	1695	52.0
四川	235	690	103	107	1135	34.8
广西	151	633	176	126	1086	33.3
西藏	183	619	79	72	953	29.3
贵州	153	488	102	102	845	25.9
重庆	109	376	41	50	576	17.7
西南	452	1182	350	413	2397	73.6
全国	698	1474	505	581	3258	100

1182种分布在西南地区，依次分别占全国的96%、95%、89%和80%。在爬行类方面，根据蔡波等《中国爬行纲动物分类厘定》（2015）和其他文献统计，中国爬行动物已有3目30科138属505种；其中2目24科108属350种分布在西南地区，依次分别占全国的67%、80%、78%和69%。在两栖类方面，截止到2021年7月，中国两栖类网站共记录中国两栖动物3目13科61属581种；其中有3目13科51属413种分布在西南地区，依次分别占全国的100%、100%、84%和71%。我国34个省（自治区、直辖市及特别行政区）中，分布于云南、四川和广西的脊椎动物种类是最多的。

2. 特有类群多

由于西南地区自然环境复杂，地形差异大，气候和植被类型多样，地理隔离明显，孕育并发展了丰富的动物资源，其中许多是西南地区特有的。在已记录的 3258 种中国脊椎动物（未含鱼类）中，在中国境内仅分布于西南地区 6 省（自治区、直辖市）的有 977 种（30.0%）。在已记录的 822 种中国特有种（25.2%）中，514 种（62.5%）在西南地区有分布，其中 320 种（38.9%）仅分布在西南地区。两栖类的中国特有种比例高达 67.1%，并且其中的 48.2% 仅分布在西南地区（表 3）。

表 3 中国脊椎动物（未含鱼类）特有种及其在西南地区的分布

	中国物种数	在中国仅分布于西南地区的物种数及百分比（%）	中国特有种数及百分比（%）	中国特有种在西南地区有分布的物种数及百分比（%）	中国特有种仅分布于西南地区的物种数及百分比（%）
哺乳类	698	201（28.8）	154（22.1）	104（67.5）	53（34.4）
鸟类	1474	316（21.4）	104（7.1）	55（52.9）	10（9.6）
爬行类	505	164（32.5）	174（34.5）	99（56.9）	69（39.7）
两栖类	581	296（50.9）	390（67.1）	256（65.6）	188（48.2）
合计	3258	977（30.0）	822（25.2）	514（62.5）	320（38.9）

在哺乳类中，长鼻目、攀鼩目、鳞甲目，以及鞘尾蝠科、假吸血蝠科、蹄蝠科、熊科、大熊猫科、小熊猫科、灵猫科、獴科、猫科、猪科、鼷鹿科、刺山鼠科、豪猪科在我国分布的物种全部或主要分布于西南地区；我国灵长目29个物种中的27个、犬科8个物种中的7个都主要分布于西南地区。全球仅在我国西南地区分布的受威胁物种有：黔金丝猴（CR）、滇金丝猴（EN）、四川毛尾睡鼠（EN）、扁颅鼠兔（EN）、峨眉鼩鼹（VU）、宽齿鼹（VU）、四川羚牛（VU）、大巴山鼠兔（VU）、峨眉鼠兔（VU）、黑鼠兔（VU）。

在鸟类中，蛙口夜鹰科、凤头雨燕科、咬鹃科、犀鸟科、鹦鹉科、八色鸫科、阔嘴鸟科、黄鹂科、翠鸟科、卷尾科、王鹟科、玉鹟科、燕鵙科、钩嘴鵙科、雀鹎科、扇尾莺科、鸭科、河乌科、太平鸟科、叶鹎科、啄花鸟科、花蜜鸟科、织雀科在我国分布的物种全部或主要分布于西南地区。全球仅在我国西南地区分布的受威胁物种有：四川山鹧鸪（EN）、暗色鸦雀（VU）、金额雀鹛（VU）、白点噪鹛（VU）、灰胸薮鹛（VU）、滇䴓（VU）。

在爬行类中，裸趾虎属、龙蜥属、攀蜥属、树蜥属、拟树蜥属、喜山腹链蛇属和温泉蛇属在我国分布的物种全部或主要分布在西南地区。全球仅在我国西南地区分布的受威胁物种有：百色闭壳龟（CR）、云南闭壳龟（CR）、四川温泉蛇（CR）、西藏温泉蛇（CR）、横斑锦蛇（EN）、荔波睑虎（EN）、墨脱树蜥（VU）、香格里拉温泉蛇（VU）、滇西蛇（VU）。

在两栖类中，拟小鲵属、山溪鲵属、齿蟾属、拟角蟾属、舌突蛙属、小跳蛙属、费树蛙属、小树蛙属、灌树蛙属和棱鼻树蛙属在我国分布的物种全部或主要分布在西南地区。全球仅在我国西南地区分布的极危物种（CR）有：金佛拟小鲵、普雄拟小鲵、呈贡蝾螈、凉北齿蟾、花齿突蟾；濒危物种（EN）有：猫儿山小鲵、宽阔水拟小鲵、水城拟小鲵、织金瘰螈、普雄齿蟾、金顶齿突蟾、木里齿突蟾、高山掌突蟾、抱龙角蟾、墨脱角蟾、花棘蛙、棘肛蛙、峰斑林蛙、安龙臭蛙、老山树蛙、巫溪树蛙、洪佛树蛙、瑶山树蛙；此外还有35个易危物种（VU）。

3. 受威胁和受关注物种多

虽然西南地区的动物物种多样性非常丰富，但每个物种的丰富度相差极大，大多数物种的生存环境较为脆弱，种群数量偏少、密度较低。加上近年来人类活动的干扰强度不断加大，栖息地遭到不同程度的破坏而丧失或质量下降，导致部分物种濒危甚至面临灭绝的危险。从表4统计的中国脊椎动物红色名录评估结果来看，我国陆生脊椎动物的受威胁物种（极危＋濒危＋易危）占全部物种的19.3%，受关注物种（极危＋濒危＋易危＋近危＋数据缺乏）占全部物种的46.4%，研究不足或缺乏了解物种（数据缺乏＋未评估）占全部物种的20.4%；西南地区与全国的情况相近，无明显差别。从不同类群来看，两栖类和哺乳类的受威胁物种比例最高，均接近30%，爬行类的受威胁物种比例也达27%。

表4 中国西南脊椎动物（未含鱼类）红色名录评估结果统计

	哺乳类		鸟类		爬行类		两栖类		合计	
	全国	西南	全国	西南	全国	西南	全国	西南	全国	西南
灭绝（EX）	0	0	0	0	0	0	1	1	1	1
野外灭绝（EW）	3	1	0	0	0	0	0	0	3	1
地区灭绝（RE）	3	3	3	1	0	0	1	0	7	4
极危（CR）	55	37	14	9	35	24	12	6	116	76
濒危（EN）	52	36	51	39	37	26	47	31	187	132
易危（VU）	66	52	80	69	65	35	116	86	327	242
近危（NT）	150	105	190	159	78	52	97	71	515	387
无危（LC）	256	155	886	759	177	133	118	89	1437	1136
数据缺乏（DD）	70	32	150	80	66	45	82	53	368	210
未评估（NE）	43	31	100	66	47	35	107	76	297	208
合计	698	452	1474	1182	505	350	581	413	3258	2397
受威胁物种 (%)*	26.4	29.7	10.6	10.5	29.9	27.0	30.1	29.8	19.3	18.8
受关注物种 (%)**	60.0	62.2	35.3	31.9	61.4	57.8	60.9	59.8	46.4	43.7
缺乏了解物种 (%)***	16.2	13.9	17.0	12.4	22.4	22.9	32.5	31.2	20.4	17.4

注：* 指已评估物种中极危、濒危和易危物种的合计；** 指已评估物种中极危、濒危、易危、近危和数据缺乏物种的合计；*** 指已评估物种中数据缺乏和未评估物种的合计。

4. 重要的候鸟迁徙通道和越冬地

全球八大鸟类迁徙路线中，有两条贯穿我国西南地区。一是中亚迁徙路线的中段偏东地带，在俄罗斯中西部及西伯利亚西部、蒙古国，以及我国内蒙古东部和中部草原、陕西地区繁殖的候鸟，秋季时飞过大巴山、秦岭等山脉，穿越四川盆地，经云贵高原的横断山脉向南，有些则飞越喜马拉雅山脉、唐古拉山脉、巴颜喀拉山脉和祁连山脉向南，然后在我国青藏高原南部、云贵高原，或南亚次大陆越冬。这条路线跨越许多海拔 5000~8000 m 的高山，是全球海拔最高的迁徙线路。二是西亚—东非迁徙路线的中段偏东地带，东起内蒙古和甘肃西部以及新疆大部分地区，沿昆仑山脉向西南进入西亚和中东地区，有些则飞越青藏高原后进入南亚次大陆越冬，还有部分鸟类继续飞越印度洋至非洲越冬。

我国西南地区不仅是候鸟迁飞的重要通道和中间停歇地，也是许多鸟类的重要越冬地，西南地区记录的 41 种雁形目鸟类中，有 30 多种是每年从北方飞来越冬的冬候鸟。在西藏等地区，除可以看到长途迁徙的大量候鸟外，还有像黑颈鹤那样，春季在青藏高原的高海拔地区繁殖，秋季迁徙到距离不远的低海拔河谷地区避寒越冬的种类，形成独特的区内迁徙。

四、生物多样性保护的全球热点

西南地区是我国少数民族的主要聚居地，各民族都有自己悠久的历史和丰富多彩的文化，在不同的生活环境和条件下，不同民族创造并以适合自己的方式繁衍生息。在长期的生活和生产活动中，许多民族逐渐认识了自然和动物并与其建立了紧密联系，产生了朴素的自然保护意识。如藏族人将鹤类，以及胡兀鹫、秃鹫、高山兀鹫等猛禽奉为"神鸟"；傣族人把孔雀和鹤，阿昌人把白腹锦鸡，白族人把鹤敬为"神鸟"而加以保护。但由于西南地区山高谷深、交通闭塞、生产力低下，直到20世纪中后期，仍有边疆少数民族依靠采集野生植物和猎捕鸟兽来维持生计，野生动物是其食物蛋白的重要来源或重要的治病药材，导致一些动物特别是大型脊椎动物的数量不断下降。特别是在20世纪50年代以后，在经济和社会发展迅速、人口迅猛增加的同时，野生动植物也成为商品而产生了大量交易，西南地区出现了严重的乱砍滥伐和乱捕滥猎等问题，野生动物栖息地不断遭到损毁，野生动物生存空间日益缩小，动物种群数量不断下降，有的甚至遭到了灭顶之灾。如昆明滇池1969年开始进行"围湖造田"，加上城市污水直排入湖等，导致了生活于滇池周边的滇螈因失去产卵场所和湖水严重污染而灭绝。

为此，中国政府自20世纪80年代开始，将生物多样性保护列入了基本国策，签署和加入了一系列国际保护公约，颁布实施了多部法律或法规，将生态系统和生物多样性保护纳入法律体系内。我国西南地区相继有一批重要地点被列入全球或全国的重要保护项目或计划中（表5、表6），从而使这些独特而重要的地点依法、依规得到了保护。特别是在21世纪到来之际，中国在开始实施西部大开发战略的同时，还启动了天然林保护工程、退耕还林工程、野生动植物保护及自然保护区建设工程、长江中上游防护林体系建设工程等多项环境和生物多样性保护的重大工程，西南地区在其中都是建设的重点，并取得了许多重要进展，西南地区生物多样性下降的总体趋势有所减缓，但还未得到完全有效的遏制。西南地区是我国社会和经济发展较为落后的贫困区，但同时也是发展最为迅速的区域，在2013—2018年这6年中，我国大陆31个省（自治区、直辖市）的GDP增速排名前三的省（自治区、直辖市）基本都出自西南地区，伴随而来的是人类活动强度不断增加，自然环境受到的干预和破坏不断加速加重，导致了栖息地退化或丧失、环境污染现象，再加上气候变化、外来物种入侵的影响，这一区域的生命支持系统正在承受着前所未有的压力。例如在2000—2010年，如果我们仅关注林地面积减少（与林地增长分别统计），云南、广西、四川的林地丧失面积分别排名全国第1、2、4位，广西、贵州的年均林地丧失率分别排名全国第1、3位。

拥有丰富、多样而独特的资源本底，加上正在经历历史上最快速的变化，我国西南地区的环境和生物多样性保护受到了国内外的高度关注，在全球36个生物多样性保护热点地区中，涉及我国的有3个——印缅地区、中国西南山地和喜马拉雅，它们在我国的范围全部都位于西南地区（表5）。我国在西南地区建立了102个国家级自然保护区（表6），约占全国国家级自然保护区总面积的45%。野生动物资源保护事关生态安全和社会经济的可持续发展。我国正从环境付出和资源输出型大国向依靠科技力量保护环境和可持续利用自然资源的发展方式转型。生态文明建设成为国家总体战略布局的重要组成部分，本着尊重自然、顺应自然、保护自然，绿水青山就是金山银

表5 中国西南6省（自治区、直辖市）被列入全球重要保护项目或计划的地点

类别	数量 全国	数量 西南	名称（所属省、自治区、直辖市）
世界文化自然双重遗产	4	1	峨眉山—乐山大佛风景名胜区（四川）
世界自然遗产	13	8	黄龙风景名胜区（四川）、九寨沟风景名胜区（四川）、大熊猫栖息地（四川）、三江并流保护区（云南）、中国南方喀斯特（云南、贵州、重庆、广西）、澄江化石遗址（云南）、中国丹霞（包括贵州赤水、福建泰宁、湖南崀山、广东丹霞山、江西龙虎山、浙江江郎山等6处）、梵净山（贵州）
世界生物圈保护区	34	11	卧龙（四川）、黄龙（四川）、亚丁（四川）、九寨沟（四川）、茂兰（贵州）、梵净山（贵州）、珠穆朗玛（西藏）、高黎贡山（云南）、西双版纳（云南）、山口红树林（广西）、猫儿山（广西）
世界地质公园	39	7	石林（云南）、大理苍山（云南）、织金洞（贵州）、兴文石海（四川）、自贡（四川）、乐业—凤山（广西）、光雾山—诺水河（四川）
国际重要湿地	57	11	大山包（云南）、纳帕海（云南）、拉市海（云南）、碧塔海（云南）、色林错（西藏）、玛旁雍错（西藏）、麦地卡（西藏）、长沙贡玛（四川）、若尔盖（四川）、北仑河口（广西）、山口红树林（广西）
全球生物多样性保护热点地区	3	3	印缅地区（西藏、云南）、中国西南山地（云南、四川）、喜马拉雅（西藏）

表6 中国西南6省（自治区、直辖市）已建立的国家级自然保护区

地名	数量	名称
广西壮族自治区	23	银竹老山资源冷杉、七冲、邦亮长臂猿、恩城、元宝山、大桂山鳄蜥、崇左白头叶猴、大明山、千家洞、花坪、猫儿山、合浦营盘港—英罗港儒艮、山口红树林、木论、北仑河口、防城金花茶、十万大山、雅长兰科植物、岑王老山、金钟山黑颈长尾雉、九万山、大瑶山、弄岗
重庆市	6	五里坡、阴条岭、缙云山、金佛山、大巴山、雪宝山
四川省	32	千佛山、栗子坪、小寨子沟、诺水河珍稀水生动物、黑竹沟、格西沟、长江上游珍稀特有鱼类、龙溪—虹口、白水河、攀枝花苏铁、画稿溪、王朗、雪宝顶、米仓山、唐家河、马边大风顶、长宁竹海、老君山、花萼山、蜂桶寨、卧龙、九寨沟、小金四姑娘山、若尔盖湿地、贡嘎山、察青松多白唇鹿、长沙贡玛、海子山、亚丁、美姑大风顶、白河、南莫且湿地
云南省	20	乌蒙山、云龙天池、元江、轿子山、会泽黑颈鹤、哀牢山、大山包黑颈鹤、药山、无量山、永德大雪山、南滚河、云南大围山、金平分水岭、黄连山、文山、西双版纳、纳板河流域、苍山洱海、高黎贡山、白马雪山
贵州省	10	佛顶山、宽阔水、习水中亚热带常绿阔叶林、赤水桫椤、梵净山、麻阳河、威宁草海、雷公山、茂兰、大沙河
西藏自治区	11	麦地卡湿地、拉鲁湿地、雅鲁藏布江中游河谷黑颈鹤、类乌齐马鹿、芒康滇金丝猴、珠穆朗玛峰、羌塘、色林错、雅鲁藏布大峡谷、察隅慈巴沟、玛旁雍错湿地
合计	102	

注：至2018年，我国有国家级自然保护区474个。

山的理念，我国正在加紧实施重要生态系统保护和修复重大工程，并在脱贫攻坚战中坚持把生态保护放在优先位置，探索生态脱贫、绿色发展的新路子，让贫困人口从生态建设与修复中得到实惠。面对我国野生动植物资源保护的严峻形势，面对生态文明建设和优化国家生态安全屏障体系的新要求，西南地区野生动物保护工作任重而道远，需要政府、科学家和公众共同携手努力，才能确保野生动植物资源保护不仅能造福当代，还能惠及子孙，为实现中国梦和建设美丽中国做出贡献！

五、本丛书概况

本丛书分为 5 卷 7 册，以图文并茂的方式逐一展示和介绍了我国西南地区 2000 多种有代表性的陆栖脊椎动物与昆虫。每个物种都配有 1 幅以上精美的原生态图片，介绍或描述了每个物种的分类地位、主要识别特征、濒危或保护等级、重要的生物学习性和生态学特性，有的还涉及物种的研究史、人类利用情况和保护现状与建议等。哺乳动物卷介绍了 11 目 30 科 76 属 115 种，为本区域已知物种的 26%；鸟类卷（上、下）介绍了已知鸟类 20 目 89 科 347 属 761 种，为本区域已知物种的 64%；爬行动物卷介绍了爬行动物 2 目 22 科 90 属 230 种，其中有 2 个属、13 种蜥蜴和 2 种蛇为本丛书首次发表的新属或新种，为本区域已知物种的 66%；两栖动物卷介绍了 295 种，其中有有尾目 3 种、无尾目 8 种，合计 11 种为本丛书首次发表的新种，为本区域已知物种的 72%。以上 5 卷合计介绍了本区域已知陆栖脊椎动物的 60%。昆虫卷（上、下）介绍了西南地区 620 种五彩缤纷的昆虫。《前言》部分介绍了造就我国西南地区丰富的物种多样性的自然环境和条件，复杂的动物地理区系，以及本区域野生动物资源的突出特点，强调了地形地貌和气候的复杂性是形成西南地区野生动物多样性和特殊性的主要原因，并对本区域动物多样性保护的重要性进行了简要论述。

　　本丛书是在国内外众多科技工作者辛勤工作的大量成果基础上编写而成的。本丛书采用的分类系统为国际或国内分类学家所采用的主流分类系统，反映了国际上分类学、保护生物学等研究的最新成果，具体可参看每一卷的《后记》。本丛书主创人员中，有的既是动物学家也是动物摄影家。由于珍稀濒危动物大多分布在人迹罕至的荒野，或分布地极其狭窄，或对人类的警戒性较强，还有不少物种人们对其知之甚少，甚至还没有拍到过原生态照片，许多拍摄需在人类无法正常生存的地点进行长时间追踪或蹲守，因而本丛书非常难得地展示了许多神秘物种的"芳容"，如本丛书发表的 15 种爬行动物新种和 11 种两栖动物新种就是首次与读者见面。作为展示我国西南地区博大深邃的动物世界的一个窗口，本丛书每幅精美的图片记录的只是历史长河中匆匆的一瞬间，但只要用心体会，就可窥探到其暗藏的故事，如动物的行为状态、栖息或活动场所等，从中可以看出动物的喜怒哀乐、栖息环境的大致现状等。我们真诚地希望本丛书能让更多的公众进一步认识和了解野生动物的美，以及它们的自然价值和社会价值，认识和了解到有越来越多的野生动物正面临着生存的危机和灭绝的风险，唤起人们对野生动物的关爱，激发越来越多的公众主动投身到保护环境、保护生物多样性、保护野生动物的伟大事业中，为珍稀濒危动物的有效保护做贡献。

　　衷心感谢北京出版集团对本丛书选题的认可和给予的各种指导与帮

助，感谢中国科学院战略性先导科技专项 XDA19050201、XDA20050202 和 XDA23080503 对编写人员的资助。我们谨向所有参与本丛书编写、摄影、编辑和出版的人员表示衷心的感谢，衷心感谢季维智院士对本丛书编写工作给予的指导并为本丛书作序。由于编著者学识水平和能力所限，错误和遗漏在所难免，我们诚恳地欢迎广大读者给予批评和指正。

2020年3月于昆明

《前言》主要参考资料

【01】IUCN 2020. The IUCN Red List of Threatened Species. Version 2020-1. https://www.iucnredlist.org.

【02】蔡波, 王跃招, 陈跃英, 等. 中国爬行纲动物分类厘定 [J]. 生物多样性, 2015, 23(3): 365-382.

【03】蒋志刚, 江建平, 王跃招, 等. 中国脊椎动物红色名录 [J]. 生物多样性, 2016, 24(5): 500-551.

【04】蒋志刚, 刘少英, 吴毅, 等. 中国哺乳动物多样性（第 2 版）[J]. 生物多样性, 2017, 25 (8): 886-895.

【05】蒋志刚, 马勇, 吴毅, 等. 中国哺乳动物多样性及地理分布 [M]. 北京: 科学出版社, 2015.

【06】张荣祖. 中国动物地理 [M]. 北京: 科学出版社, 1999.

【07】郑光美主编. 中国鸟类分类与分布名录（第 3 版）[M]. 北京: 科学出版社, 2017.

【08】中国科学院昆明动物研究所. 中国两栖类信息系统 [DB]. 2021.http://www.amphibiachina.org.

目 录

蚓螈目 GYMNOPHIONA/48
    版纳鱼螈 *Ichthyophis bannanicus*/51

有尾目 CAUDATA/52
    中国大鲵 *Andrias davidianus*/55
    无斑山溪鲵 *Batrachuperus karlschmidti*/56
    龙洞山溪鲵 *Batrachuperus londongensis*/57
    山溪鲵 *Batrachuperus pinchonii*/58
    西藏山溪鲵 *Batrachuperus tibetanus*/61
    盐源山溪鲵 *Batrachuperus yenyuanensis*/62
    猫儿山小鲵 *Hynobius maoershanensis*/63
    巫山巴鲵 *Liua shihi*/65
    秦巴巴鲵 *Liua tsinpaensis*/67
    黄斑拟小鲵 *Pseudohynobius flavomaculatus*/69
    贵州拟小鲵 *Pseudohynobius guizhouensis*/70
    金佛拟小鲵 *Pseudohynobius jinfo*/71
    宽阔水拟小鲵 *Pseudohynobius kuankuoshuiensis*/72
    普雄拟小鲵 *Pseudohynobius puxiongensis*/73
    水城拟小鲵 *Pseudohynobius shuichengensis*/75
    呈贡蝾螈 *Cynops chenggongensis*/76
    蓝尾蝾螈 *Cynops cyanurus*/77
    普洱蝾螈 新种 *Cynops puerensis* sp. nov. /78
    滇螈 *Cynops wolterstorffi*/79
    弓斑肥螈 *Pachytriton archospotus*/80
    瑶山肥螈 *Pachytriton inexpectatus*/81
    莫氏肥螈 *Pachytriton moi*/82
    尾斑瘰螈 *Paramesotriton caudopunctatus*/83
    越南瘰螈（德氏瘰螈）*Paramesotriton deloustali*/85
    富钟瘰螈 *Paramesotriton fuzhongensis*/86
    广西瘰螈 *Paramesotriton guanxiensis*/87
    无斑瘰螈 *Paramesotriton labiatus*/88
    龙里瘰螈 *Paramesotriton longliensis*/89

麻栗坡瘰螈 新种 *Paramesotriton malipoensis* sp. nov. /91
茂兰瘰螈 *Paramesotriton maolanensis*/92
武陵瘰螈 *Paramesotriton wulingensis*/93
织金瘰螈 *Paramesotriton zhijinensis*/95
贵州疣螈 *Tylototriton kweichowensis*/97
片马疣螈 新种 *Tylototriton joe* sp. nov./98
川南疣螈 *Tylototriton pseudoverrucosus*/99
丽色疣螈 *Tylototriton pulcherrimus*/100
红瘰疣螈 *Tylototriton shanjing* /101
大凉疣螈 *Tylototriton taliangensis*/103
棕黑疣螈 *Tylototriton verrucosus*/104
滇南疣螈 *Tylototriton yangi*/105
细痣瑶螈 *Yaotriton asperrimus*/106
文县瑶螈 *Yaotriton wenxianensis*/107

无尾目 ANURA/108
　　强婚刺铃蟾 *Bombina fortinuptialis*/110
　　利川铃蟾 *Bombina lichuanensis*/111
　　大蹼铃蟾 *Bombina maxima*/112
　　微蹼铃蟾 *Bombina microdeladigitora*/113
　　高山掌突蟾 *Leptobrachella alpina*/115
　　福建掌突蟾 *Leptobrachella liui*/116
　　峨山掌突蟾 *Leptobrachella oshanensis*/117
　　萤掌突蟾 *Leptobrachella pelodytoides*/118
　　屏边掌突蟾 新种 *Leptobrachella pingbianensis* sp. nov./119
　　上思掌突蟾 *Leptobrachella shangsiensis*/120
　　三岛掌突蟾 *Leptobrachella sungi*/121
　　腹斑掌突蟾 *Leptobrachella ventripunctata*/123
　　哀牢髭蟾 *Leptobrachium ailaonicum*/124
　　峨眉髭蟾 *Leptobrachium boringii*/127
　　沙巴拟髭蟾 *Leptobrachium chapaense*/129

广西拟髭蟾 *Leptobrachium guangxiense*/130
华深拟髭蟾 *Leptobrachium huashen*/131
雷山髭蟾 *Leptobrachium leishanense*/132
原髭蟾（密棘髭蟾）*Leptobrachium promustache*/133
腾冲拟髭蟾 *Leptobrachium tengchongense*/134
瑶山髭蟾 *Leptobrachium yaoshanensis*/135
大花无耳蟾 *Atympanophrys gigantica*/136
沙坪无耳蟾 *Atympanophrys shapingensis*/139
平顶短腿蟾 *Brachytarsophrys platyparietus*/141
宽头短腿蟾 *Brachytarsophrys carinense*/143
川南短腿蟾 *Brachytarsophrys chuannanensis*/144
费氏短腿蟾 *Brachytarsophrys feae*/145
小口拟角蟾 *Ophryophryne microstoma*/146
宾川角蟾 *Megophrys binchuanensis*/147
淡肩角蟾 *Megophrys boettgeri*/148
大围角蟾 *Megophrys daweimontis*/149
景东角蟾 *Megophrys jingdongensis*/151
荔波角蟾 *Megophrys liboensis*/153
小角蟾 *Megophrys minor*/155
峨眉角蟾 *Megophrys omeimontis*/157
粗皮角蟾 *Megophrys palpebralespinosa*/158
水城角蟾 *Megophrys shuichengensis*/161
棘指角蟾 *Megophrys spinata*/163
无量山角蟾 *Megophrys wuliangshanensis*/165
腺角蟾 *Megophrys glandulosa*/167
大角蟾 *Megophrys major*/169
墨脱角蟾 *Megophrys medogensis*/171
凸肛角蟾 *Megophrys pachyproctus*/172
凹顶角蟾 *Megophrys parva*/173
张氏角蟾 *Megophrys zhangi*/174
川北齿蟾 *Oreolalax chuanbeiensis*/175
棘疣齿蟾 *Oreolalax granulosus*/177

景东齿蟾 *Oreolalax jingdongensis*/179
凉北齿蟾 *Oreolalax liangbeiensis*/180
南江齿蟾 *Oreolalax nanjiangensis*/181
峨眉齿蟾 *Oreolalax omeimontis*/182
秉志齿蟾 *Oreolalax pingii*/183
宝兴齿蟾 *Oreolalax popei*/184
普雄齿蟾 *Oreolalax puxiongensis*/185
红点齿蟾 *Oreolalax rhodostigmatus*/186
疣刺齿蟾 *Oreolalax rugosus*/187
乡城齿蟾 *Oreolalax xiangchengensis*/188
阿东齿突蟾（中国新记录）*Scutiger adungensis*/189
邦达齿突蟾 新种 *Scutiger bangdaensis* sp. nov./190
西藏齿突蟾 *Scutiger boulengeri*/191
金顶齿突蟾 *Scutiger chintingensis*/192
胸腺齿突蟾 *Scutiger glandulatus*/193
贡山齿突蟾 *Scutiger gongshanensis*/194
九龙齿突蟾 *Scutiger jiulongensis*/195
花齿突蟾 *Scutiger maculatus*/196
刺胸齿突蟾 *Scutiger mammatus*/197
木里齿突蟾 *Scutiger muliensis*/198
林芝齿突蟾 *Scutiger nyingchiensis*/199
锡金齿突蟾 *Scutiger sikimmensis*/200
刺疣齿突蟾 *Scutiger spinosus*/201
圆疣齿突蟾 *Scutiger tuberculatus*/202
吴氏齿突蟾 *Scutiger wuguanfui*/203
碧罗齿突蟾 新种 *Scutiger biluoensis* sp. nov./204
梅里齿突蟾 新种 *Scutiger meiliensis* sp. nov./205
哀牢蟾蜍 *Bufo ailaoanus*/206
隐耳蟾蜍 *Bufo cryptotympanicus*/207
中华蟾蜍 *Bufo gargarizans*/209
西藏蟾蜍 *Bufo tibetanus*/211
圆疣蟾蜍 *Bufo tuberculatus*/213

云岭蟾蜍 新种 *Bufo yunlingensis* sp. nov. /214
无棘溪蟾 *Torrentophryne aspinia*/216
缅甸溪蟾 *Torrentophryne burmanus*/217
疣棘溪蟾 *Torrentophryne tuberospinia*/218
永德溪蟾 新种 *Torrentophryne yongdensis* sp. nov. /219
札达漠蟾蜍 *Bufotes zamdaensis*/220
隆枕头棱蟾蜍 *Duttaphrynus cyphosus*/221
喜山头棱蟾蜍 *Duttaphrynus himalayanus*/222
黑眶头棱蟾蜍 *Duttaphrynus melanostictus*/223
司徒头棱蟾蜍 *Duttaphrynus stuarti*/225
华西雨蛙 *Hyla annectans*/226
华西雨蛙川西亚种 *Hyla annectans chuanxiensis*/227
华西雨蛙景东亚种 *Hyla annectans jingdongensis*/228
华西雨蛙腾冲亚种 *Hyla annectans tengchongensis*/229
中国雨蛙 *Hyla chinensis*/230
无斑雨蛙 *Hyla immaculata*/231
华南雨蛙 *Hyla simplex*/232
昭平雨蛙 *Hyla zhaopingensis*/233
云南小狭口蛙 *Glyphoglossus yunnanensis*/234
花细狭口蛙 *Kalophrynus interlineatus*/235
弄岗狭口蛙 *Kaloula nonggangensis*/236
花狭口蛙 *Kaloula pulchra*/237
四川狭口蛙 *Kaloula rugifera*/238
多疣狭口蛙 *Kaloula verrucosa*/239
缅甸姬蛙 *Microhyla berdmorei*/240
粗皮姬蛙 *Microhyla butleri*/241
饰纹姬蛙 *Microhyla fissipes*/242
大姬蛙 *Microhyla fowleri*/243
小弧斑姬蛙 *Microhyla heymonsi*/244
花姬蛙 *Microhyla pulchra*/245
孟连小姬蛙 *Micryletta menglienica*/246
德力小姬蛙 *Micryletta inornata*/247

西藏舌突蛙 *Liurana xizangensis*/249
海陆蛙 *Fejervarya cancrivora*/251
泽陆蛙 *Fejervarya multistriata*/253
清迈泽陆蛙 *Minervarya chiangmaiensis*/255
虎纹蛙 *Hoplobatrachus chinensis*/257
版纳大头蛙 *Limnonectes bannaensis*/258
陇川大头蛙 *Limnonectes longchuanensis*/259
泰诺大头蛙 *Limnonectes taylori*/260
刘氏泰诺蛙 *Taylorana liui*/261
布氏棘蛙 *Gynandropaa bourreti*/263
无声囊棘蛙 *Gynandropaa liui*/264
双团棘胸蛙 *Gynandropaa phrynoides*/266
四川棘蛙 *Gynandropaa sichuanensis*/267
云南棘蛙 *Gynandropaa yunnanensis*/268
察隅棘蛙 *Maculopaa chayuensis*/269
错那棘蛙 *Maculopaa conaensis*/270
花棘蛙 *Maculopaa maculosa*/271
墨脱棘蛙 *Maculopaa medogensis*/272
波留宁棘蛙 *Paa polunini*/273
棘肛蛙 *Unculuana unculuanus*/274
隆肛蛙 *Feirana quadranus*/276
邦达倭蛙 新种 *Nanorana bangdaensis* sp. nov./278
高山倭蛙 *Nanorana parkeri*/279
倭蛙 *Nanorana pleskei*/280
腹斑倭蛙 *Nanorana ventripunctata*/281
棘腹蛙 *Quasipaa boulengeri*/283
合江棘蛙 *Quasipaa robertingeri*/285
棘侧蛙 *Quasipaa shini*/286
棘胸蛙 *Quasipaa spinosa*/287
多疣棘蛙 *Quasipaa verrucospinosa*/289
尖舌浮蛙 *Occidozyga lima*/290
圆蟾舌蛙 *Occidozyga martensii*/291

克钦湍蛙 *Amolops afghanus*/292
阿尼桥湍蛙 *Amolops aniqiaoensis*/293
片马湍蛙（丽湍蛙）*Amolops bellulus*/294
丙察察湍蛙 新种 *Amolops binchachaensis* sp. nov. /295
星空湍蛙 *Amolops caelumnoctis*/296
察隅湍蛙 *Amolops chayuensis*/297
崇安湍蛙 *Amolops chunganensis*/298
棘皮湍蛙 *Amolops granulosus*/299
绿湍蛙（中国新记录）*Amolops iriodes*/300
金江湍蛙 *Amolops jinjiangensis*/301
理县湍蛙 *Amolops lifanensis*/302
棕点湍蛙 *Amolops loloensis*/303
四川湍蛙 *Amolops mantzorum*/304
西域湍蛙 *Amolops marmoratus*/305
墨脱湍蛙 *Amolops medogensis*/306
勐养湍蛙 *Amolops mengyangensis*/308
林芝湍蛙 *Amolops nyingchiensis*/309
华南湍蛙 *Amolops ricketti*/310
平疣湍蛙 *Amolops tuberodepressus*/311
绿点湍蛙 *Amolops viridimaculatus*/312
新都桥湍蛙 *Amolops xinduqiao*/313
长趾纤蛙 *Hylarana macrodactyla*/314
台北纤蛙 *Hylarana taipehensis*/315
版纳水蛙 *Sylvirana bannanica*/316
河口水蛙 *Sylvirana hekouensis*/317
黑斜线水蛙 *Sylvirana lateralis*/318
阔褶水蛙 *Sylvirana latouchii*/319
肘腺水蛙 *Sylvirana cubitalis*/320
茅索水蛙 *Sylvirana maosonensis*/321
勐腊水蛙 *Sylvirana menglaensis*/323
黑耳水蛙 *Sylvirana nigrotympanica*/324
沼蛙 *Boulengerana guentheri*/326

弹琴蛙 *Nidirana adenopleura*/327
仙琴蛙 *Nidirana daunchina*/328
林琴蛙 *Nidirana lini*/331
滇琴蛙 *Nidirana pleuraden*/333
鸭嘴竹叶蛙 *Bamburana nasuta*/334
竹叶蛙 *Bamburana versabilis*/335
云南臭蛙 *Odorrana andersonii*/337
安龙臭蛙 *Odorrana anlungensis*/338
沧源臭蛙 *Odorrana cangyuanensis*/340
沙巴臭蛙 *Odorrana chapaensis*/341
越北臭蛙 *Odorrana geminata*/343
无指盘臭蛙 *Odorrana grahami*/345
大绿臭蛙 *Odorrana graminea*/346
合江臭蛙 *Odorrana hejiangensis*/347
景东臭蛙 *Odorrana jingdongensis*/348
筠连臭蛙 *Odorrana junlianensis*/349
荔浦臭蛙 *Odorrana lipuensis*/350
龙胜臭蛙 *Odorrana lungshengensis*/351
大耳臭蛙 *Odorrana macrotympana*/352
绿臭蛙 *Odorrana margaretae*/353
圆斑臭蛙 *Odorrana rotodora*/355
花臭蛙 *Odorrana schmackeri*/357
麻点臭蛙（中国新记录）*Odorrana tabaca*/358
滇南臭蛙 *Odorrana tiannanensis*/359
务川臭蛙 *Odorrana wuchuanensis*/360
墨脱臭蛙 *Odorrana zhaoi*/361
黑斑侧褶蛙 *Pelophylax nigromaculatus*/362
昭觉林蛙 *Rana chaochiaoensis*/364
中国林蛙 *Rana chensinensis*/366
峰斑林蛙 *Rana chevronta*/367
越南趾沟蛙 *Rana johnsi*/368
高原林蛙 *Rana kukunoris*/369

猫儿山林蛙 *Rana maoershanensis*/370
峨眉林蛙 *Rana omeimontis*/371
威宁趾沟蛙 *Rana weiningensis*/372
镇海林蛙 *Rana zhenhaiensis*/373
胫腺蛙 *Liuhurana shuchinae*/375
背条跳树蛙 *Chiromantis doriae*/376
侧条跳树蛙 *Chiromantis vittatus*/378
抚华费树蛙 *Feihyla fuhua*/379
黑眼睑纤树蛙 *Gracixalus gracilipes*/380
金秀纤树蛙 *Gracixalus jinxiuensis*/381
弄岗纤树蛙 *Gracixalus nonggangensis*/382
云南纤树蛙 *Gracixalus yunnanensis*/383
锯腿原指树蛙 *Kurixalus odontotarsus*/384
金秀刘树蛙 *Liuixalus jinxiuensis*/385
十万大山刘树蛙 *Liuixalus shiwandashan*/386
墨脱棱鼻树蛙 *Nasutixalus medogensis*/387
凹顶泛树蛙 *Polypedates impresus*/388
斑腿泛树蛙 *Polypedates megacephalus*/389
无声囊泛树蛙 *Polypedates mutus*/390
陇川灌树蛙 *Raorchestes longchuanensis*/391
勐腊灌树蛙 *Raorchestes menglaensis*/392
双斑树蛙 *Rhacophorus bipunctatus*/393
黑蹼树蛙 *Rhacophorus kio*/394
老山树蛙 *Rhacophorus laoshan*/395
红蹼树蛙 *Rhacophorus rhodopus*/396
横纹树蛙 *Rhacophorus translineatus*/397
白斑棱皮树蛙 *Theloderma albopunctatum*/398
北部湾棱皮树蛙 *Theloderma corticale*/399
印支棱皮树蛙 *Theloderma gordoni*/400
砖背棱皮树蛙 *Theloderma lateriticum*/401
棘棱皮树蛙 *Theloderma moloch*/402
红吸盘棱皮树蛙 *Theloderma rhododiscus*/403

缅甸树蛙 *Zhangixalus burmanus*/405
经甫树蛙 *Zhangixalus chenfui*/407
大树蛙 *Zhangixalus dennysi*/409
绿背树蛙 *Zhangixalus dorsoviridis*/411
棘皮树蛙 *Zhangixalus duboisi*/413
宝兴树蛙 *Zhangixalus dugritei*/415
棕褶树蛙 *Zhangixalus feae*/417
白线树蛙 *Zhangixalus leucofasciatus*/418
侏树蛙 *Zhangixalus minimus*/419
黑点树蛙 *Zhangixalus nigropunctatus*/420
峨眉树蛙 *Zhangixalus omeimontis*/421
白颌大树蛙 *Zhangixalus smaragdinus*/422
瑶山树蛙 *Zhangixalus yaoshanensis*/423

新种补充描述/424

主要参考资料/435

学名索引/436

照片摄影者索引/444

后记/446

蚓螈目
GYMNOPHIONA

版纳鱼螈
Ichthyophis bannanicus

体长350～417 mm，体呈蠕虫状。吻端圆形，鼻孔位于吻端两侧；背腹略扁平，近椭圆形，无四肢，尾极短。通身皮肤腺丰富，能分泌黏液保持身体湿润；躯干有密集的环褶，背面棕色，显蜡光，体侧各有一条黄色宽纵带达泄殖腔旁，泄殖腔四周黄色。

生活在热带和南亚热带小山溪或小池塘及附近。水陆两栖、穴居。

我国分布于云南、广东、广西，国外分布于越南北部。

鱼螈科 Ichthyophiidae，鱼螈属 *Ichthyophis*
中国保护等级：Ⅱ级
中国红色名录：近危（NT）
全球红色名录：无危（LC）

有尾目
CAUDATA

中国大鲵
Andrias davidianus

头体长超过1 m，头大而宽扁，躯干粗壮扁平，尾短。吻端钝圆，鼻孔小，近椭圆形，眼小，无眼睑，口裂宽大，偏腹位，上唇褶在口裂后部清晰，颈褶明显；体侧各有一条宽厚纵行肤褶；四肢粗短，指、趾扁平，前肢4指无爪，后肢5趾，趾间具微蹼。体表光滑湿润，体色变异较大，一般以棕褐色为主，背腹面都有不规则黑色或深褐色斑纹。

生活在海拔250～650 m山区水流较为平缓的河流、大型溪流的岩洞或深潭中。成鲵多营单栖生活，幼体喜集群于石滩内；白天很少活动，偶尔上岸晒太阳，夜间活动频繁，常守候在滩口乱石间，一旦有猎物经过，突然张嘴捕食。主要以虾、蟹、鱼、蛙、水蛇、水生昆虫为食。7—9月为繁殖盛期。

中国特有种，分布于四川、重庆、贵州、云南、广西、山西、河南、陕西、甘肃、青海、安徽、浙江、江西、湖南、湖北、福建、广东。

隐鳃鲵科 Cryptobranchidae，大鲵属 *Andrias*
中国保护等级：Ⅱ级
中国红色名录：极危（CR）
全球红色名录：极危（CR）
濒危野生动植物种国际贸易公约（CITES）：附录Ⅰ

无斑山溪鲵
Batrachuperus karlschmidti

全长146～192 mm，头体长70～97 mm，成体头略扁平，躯干呈圆柱状。吻端钝圆，头长大于头宽，唇褶发达；头体部皮肤光滑，体背略呈纵行凹陷，体侧肋沟向腹部弯曲成半弧形，一般有12条；四肢长短适中，4指（趾）爪状，其末端钝圆，角质鞘黑褐色；尾部背侧面颗粒腺发达，开口凹陷，密集而明显，尾腹面光滑。活体背部无斑纹，呈均一的褐色或灰棕色；颈褶显著，腹部呈浅灰色。雄性泄殖腔孔开口略呈横缝隙状，雌性的则呈纵向裂隙，且长度较长。

栖息于海拔1500～4250 m宽阔的高山溪流或泉水溪流内，属冷水性两栖动物，终生营水栖生活，白天隐匿于溪石下。

中国特有种，分布于西藏、四川和云南。

小鲵科 Hynobiidae，山溪鲵属 *Batrachuperus*
中国保护等级：Ⅱ级
全球红色名录：易危（VU）

龙洞山溪鲵
Batrachuperus londongensis

体形肥大，雄鲵全长155～265 mm，雌鲵全长163～232 mm。头扁平，吻短端圆，唇褶较发达，头侧眼后部位有一条凹痕向后止于口角后面，咽喉部有若干纵肤褶，头后部至尾基部有一浅脊沟；躯干略扁，皮肤光滑，前后肢贴体相对时，指、趾端相距1～3个肋沟；尾略短于头体长，基部圆柱状向后逐渐侧扁，末端钝圆。体背面颜色变异大，多为黑褐、褐黄或橙黄色等，有的具不规则褐黄色或橙黄色斑，多数个体背中央有一条黄色或橙黄色脊纹；体腹面浅紫灰色，有蓝色不规则云斑。

栖息于海拔1300 m左右的泉水洞以及附近河内，河床开阔，石块多，水清凉。主营水栖生活，成鲵多蜷曲在石下。在水中捕食虾类、水生昆虫及其幼虫等。

中国特有种，仅分布于四川。成鲵由于人类不合理利用，对其种群破坏较大，应加强保护。

小鲵科 Hynobiidae，山溪鲵属 *Batrachuperus*
中国保护等级：Ⅱ级
中国红色名录：易危（VU）
全球红色名录：濒危（EN）

山溪鲵
Batrachuperus pinchonii

雄鲵全长98～213 mm，雌鲵全长91～154 mm。眼后方有浅凹痕，两端沿颞部前方向下弯曲，另一端沿颞部、背侧向后延伸；颈褶弧形，咽喉部有数条纵行肤褶；前后肢腹面角质鞘极强，前肢指端到达肘关节附近，后肢角质鞘几达根部；少数个体尾末端无背鳍，而边缘则角质化。皮肤光滑，眼后角沿背中线和体两侧有不规则的深色斑，断断续续约成3行，少数交织成麻斑状，个别无深色斑；背面深棕色、棕黄色或棕黑色，也有的呈橄榄绿色或褐红色；腹面色浅，麻斑小而密集。

栖息于海拔1500～3900 m高山山溪、池沼或湖泊的石块、树根下，草丛或苔藓中，环境周围常有阔叶林或针叶林。繁殖于溪流或湖泊中。

中国特有种，分布于四川、云南。

小鲵科 Hynobiidae，山溪鲵属 *Batrachuperus*
中国保护等级：II级
中国红色名录：数据缺乏（DD）
全球红色名录：易危（VU）

西藏山溪鲵
Batrachuperus tibetanus

雄鲵全长175～211 mm，雌鲵全长170～197 mm。头扁平，吻端宽圆，唇褶发达，成体颈侧无鳃孔或鳃肢残迹，眼后至颈褶外侧有一条纵行浅凹痕，在口角上方与一条短肤沟相交，颈褶清晰；躯干呈圆柱状或略扁，皮肤光滑；尾基部圆柱状，向后逐渐侧扁，尾鳍较低厚，末端钝圆，雄鲵尾长大于头体长，雌鲵则短于头体长。体色变异大，体和尾背面暗土黄色、深灰色或橄榄灰色，其上有酱黑色细麻斑或无斑，皮肤具瘰疣的变异个体为浅黑色；腹面较背面颜色略浅。

生活在海拔1500～4250 m高山溪流内，成鲵水栖为主，多栖于溪石下、泉水石滩处或其下游溪沟石块下，俗称"杉木鱼"。成鲵捕食虾类、水生昆虫。5—7月为繁殖期，雌鲵产卵袋一对，柄端固着在石块或倒木底面。

中国特有种，分布于四川、西藏、重庆、陕西、甘肃、青海。由于人类不合理利用，资源破坏严重。

小鲵科 Hynobiidae，山溪鲵属 *Batrachuperus*
中国保护等级：II级
中国红色名录：易危（VU）
全球红色名录：易危（VU）

盐源山溪鲵
Batrachuperus yenyuanensis

雄鲵全长163～211 mm，雌鲵全长135～175 mm。体细长，头扁平，吻端圆，唇褶发达，上唇褶包盖下唇后部；成体无鳃孔或外鳃残迹，眼后至颈褶有条状浅凹痕，颈褶清晰；躯干背腹扁平，皮肤光滑，肋沟11～12条；尾长大于头体长，尾鳍褶高而薄。体背呈褐色、黄褐色或蓝灰色，有不规则黑褐或黄褐色云斑；腹面灰黄色，褐色云斑少。

生活在海拔2900～4400 m植被较为丰茂的高山溪流内，成鲵水栖为主，多栖于溪内石块下、石缝或土穴中。10月至翌年2月可见到多个成鲵在深水石块下冬眠。成鲵捕食虾类、昆虫及其幼虫，以及水生植物、种子、藻类等。雌鲵多在3月下旬开始产卵。

中国特有种，分布于四川南部。

小鲵科 Hynobiidae，山溪鲵属 *Batrachuperus*
中国保护等级：II级
中国红色名录：易危（VU）
全球红色名录：濒危（EN）

猫儿山小鲵
Hynobius maoershanensis

雄鲵全长152～160 mm，雌鲵全长136～155 mm。头大略扁，近三角形，吻端圆，鼻孔近吻端，眼后角至颈褶有一条细纵沟；躯干呈圆柱状，背部中央从头后至尾基部有纵行脊沟，体侧有12条肋沟；腹颈褶和侧颈褶均明显，腹面扁平；尾基部圆柱形，向后逐渐侧扁，尾末端钝圆。体背面皮肤光滑，一般为黑色、浅紫棕色或黄绿色，无斑纹；头体腹面光滑，体侧和体腹面灰色，散有许多白色小斑点。

生活于海拔2000 m左右山区沼泽及其周围，栖息地植被繁茂，主要为南方铁杉林和山顶矮林。成鲵营陆栖生活。繁殖期进入静水塘内交配产卵，雌鲵将卵袋产在水质清澈透明、水底有淤泥的水塘内；雌鲵产卵后即离开产卵场，雄鲵留在产卵场内护卵，直至繁殖期结束才离去。

中国特有种，分布于广西。

小鲵科 Hynobiidae，小鲵属 *Hynobius*
中国保护等级：Ⅰ级
中国红色名录：濒危（EN）
全球红色名录：极危（CR）

巫山巴鲵
Liua shihi

雄鲵全长151～200 mm，雌鲵全长133～162 mm。头扁平，唇褶发达，上唇褶包盖下颌后半部，眼后角到颞部有一条纵沟，下眼睑后端有一斜浅沟达上颌缘基部；前颌囟较大；体侧有10多条肋沟；掌、跖部有角质鞘；尾长与体长几乎相等或略短于体长，尾高甚侧扁。皮肤光滑，腹面乳黄色或有黑褐色细斑点；体尾黄褐、灰褐或绿褐色，有黑褐或浅黄色大斑。幼鲵体尾灰藕荷色，散有小黑点，腹面乳黄色。

生活在海拔900～2350 m山区溪流中，溪内石块甚多，水流平缓，一般两岸植被较丰富。成鲵以毛翅目等水生昆虫及其幼虫、金龟子成虫、虾类、藻类为食。每年3月下旬—4月为繁殖期，雌鲵产卵袋一对，柄部黏附在石块底面。

中国特有种，分布于四川、重庆、湖北、陕西、河南。

小鲵科 Hynobiidae，巴鲵属 *Liua*
中国保护等级：Ⅱ级
中国红色名录：近危（NT）
全球红色名录：无危（LC）

秦巴巴鲵
Liua tsinpaensis

雄鲵全长125～136 mm，头体长64～68 mm。头扁平，躯干近圆柱状，背腹略扁，无唇褶，眼后至颈侧有一条细纵沟，在后部弯向下方；体背中央纵行脊沟略显，肋沟13条；尾略短于头体长，肥厚平直，始自尾基部后端，尾鳍褶较明显，末端多钝尖。皮肤光滑，腹面藕荷色，杂以细白点；体尾背面金黄色与深棕褐色交织成云斑状。幼鲵体背面和四肢浅藕荷色或棕黄色，背脊两侧有黑褐色斑或有小斑点，体侧为银白色；腹面乳白色；尾鳍褶上有细黑点。

生活在海拔1700 m左右的山区。成鲵营陆栖生活，白天多隐蔽在小溪边或附近石块下。以昆虫和虾类为食。5—6月为繁殖期，雌鲵产卵袋一对，黏附在水凼内石块下。

中国特有种，分布于四川、陕西、河南。

小鲵科 Hynobiidae，巴鲵属 *Liua*
中国保护等级：Ⅱ级
中国红色名录：濒危（EN）
全球红色名录：易危（VU）

黄斑拟小鲵
Pseudohynobius flavomaculatus

雄鲵全长158～189 mm，雌鲵全长138～180 mm。头扁平，呈卵圆形，无唇褶，眼后至颈褶有一条细纵沟，在口角上部向下弯曲，与口角处的短横沟相交，颈侧部位隆起；头后至尾基部脊沟较显著；繁殖期雄性头部、体背及四肢背面有小白刺。皮肤光滑，背面紫褐色，有不规则黄斑或土黄色斑，斑块大小、多少和形状变异较大，一般头部的小，背部的大，尾后段少或无；腹面浅紫褐色；尾与头体长相等或略短，尾鳍褶明显而低平，末端钝圆或钝尖。

生活在海拔1158～2165 m的山区，常见于灌丛和杂草繁茂、水源丰富的环境。成鲵营陆地生活，白天常栖于箭竹和灌丛根部的苔藓下或土洞中。成鲵夜间觅食昆虫等小动物，或在水中捕食虾类等。4月中旬雌、雄成鲵到溪流内交配繁殖，产卵于泉水洞内或小溪边有树根的泥窝内。

中国特有种，分布于重庆、湖南、湖北。

小鲵科 Hynobiidae，拟小鲵属 *Pseudohynobius*
中国保护等级：Ⅱ级
中国红色名录：易危（VU）
全球红色名录：易危（VU）

贵州拟小鲵
Pseudohynobius guizhouensis

雄鲵全长176～184 mm，雌鲵全长157～203 mm。头部扁平，呈卵圆形，吻端钝圆，无唇褶，上下颌有细齿，前颌囟大；躯干呈圆柱状，背腹略扁，头后至尾基部脊沟明显，肋沟12～13条；前肢明显较后肢细，指、趾略宽扁无蹼；尾部肌节间有浅沟，末端多钝尖。皮肤较光滑，头部、体背及四肢背面紫褐色，有不规则的橘红色或土黄色近圆形斑，斑块的大小、多少和形状变异较大。雄鲵背尾鳍褶发达，前后肢及尾基部较粗壮；雌鲵肛孔呈椭圆形隆起。

生活于海拔1400～1700 m的高山溪流，溪边箭竹和灌木茂密，溪边水草茂盛。成体非繁殖期生活在地表枯枝落叶层厚、阴凉潮湿的环境中。幼体栖息在小溪内洄水处。溪沟水流平缓，水质清澈，水底为沙石，部分水域有落叶沉积。

中国特有种，分布于贵州。

小鲵科 Hynobiidae，拟小鲵属 *Pseudohynobius*
中国保护等级：Ⅱ级
中国红色名录：数据缺乏（DD）
全球红色名录：数据缺乏（DD）

金佛拟小鲵
Pseudohynobius jinfo

雄鲵全长约199 mm，雌鲵全长约163 mm。头部扁平，呈卵圆形，头长大于头宽，吻端钝圆，无唇褶；躯干呈圆柱状，背腹略扁，头后至尾基部脊沟明显，肋沟12条；前肢明显较后肢细；尾明显长于头体长，尾末端钝尖。皮肤较光滑，背面紫褐色，有不规则的土黄色小斑点或斑块，斑块的大小、多少和形状变异较大。雄鲵肛部隆起明显，肛裂前缘有一个乳白色突起。

生活于海拔1980～2150 m植被繁茂的高山区。成体白天隐蔽在灌木杂草茂密、潮湿的溪边草丛或地表枯枝落叶层中，晚上在水内活动。繁殖期在水塘内交配繁殖。

中国特有种，分布于重庆。

小鲵科 Hynobiidae，拟小鲵属 *Pseudohynobius*
中国保护等级：Ⅱ级
中国红色名录：极危（CR）
全球红色名录：濒危（EN）

宽阔水拟小鲵
Pseudohynobius kuankuoshuiensis

　　雄鲵全长约162 mm，雌鲵全长150～155 mm。头部扁平，呈卵圆形，吻端钝圆，突出于下唇，无唇褶，头顶中部有一"V"形隆起，头后至尾基部脊沟显著；皮肤光滑，躯干近圆柱状，背腹略扁，头背、体背及四肢背面有小白点，有肋沟11条；前肢比后肢略细；尾背鳍褶较弱，末段侧扁渐细窄，末端钝圆，肌节间有浅沟。体背面紫褐色，土黄色斑块近圆形，头部的较小，体背和尾部的较大，尾后段较少；头体腹面光滑，颈褶明显，体腹面色较浅。雄鲵肛部泡状隆起明显，肛孔前缘有一个浅色乳突。

　　生活于海拔1350～1500 m亚热带山区阔叶林、灌木丛或草丛下的近水环境中，非繁殖期营陆栖生活，多见于植被及杂草生长茂盛、枯枝落叶层厚的阴凉潮湿处。繁殖期移到小溪中交配繁殖，幼体生活于小山溪水凼洞水处。

　　中国特有种，分布于贵州。

小鲵科 Hynobiidae，拟小鲵属 *Pseudohynobius*
中国保护等级：Ⅱ级
中国红色名录：濒危（EN）
全球红色名录：极危（CR）

普雄拟小鲵
Pseudohynobius puxiongensis

雄鲵全长约133 mm。头扁平，呈卵圆形，吻端宽圆，略突出于下唇，眼大而突出，无唇褶，一条细的纵形肤沟从眼后至颈褶，另一条沟在口角上方向下弯曲与口角处短沟相交，纵沟下方较隆起；躯干呈圆柱状，略扁，背脊平，无沟亦无脊棱，肋沟13条；颈褶明显，腹面较宽圆，腹中线有一条浅的细肤沟；四肢发达，前肢较细，后肢较粗壮；尾细，短于头体长，尾背鳍褶弱，背面略显棕黄色斑。体背面、腹面皮肤光滑，背面暗棕色，腹面深灰色。

生活在海拔2700～2900 m高山原始森林环境，林木繁茂，大小溪流多，小水塘或岩洞多。栖息于山区小溪流的上游，上方有灌丛或竹丛遮挡，繁殖期3—4月，卵袋粘于小溪岸边或石块下方。

中国特有种，分布于四川。

小鲵科 Hynobiidae，拟小鲵属 *Pseudohynobius*
中国保护等级：Ⅰ级
中国红色名录：极危（CR）
全球红色名录：极危（CR）

水城拟小鲵
Pseudohynobius shuichengensis

体形较大，雄鲵全长178～210 mm，雌鲵全长186～213 mm。头部扁平，呈卵圆形，吻端钝圆，无唇褶，头后至尾基部脊沟较显著，颈褶明显；躯干呈圆柱状，背腹略扁，一般肋沟12条；四肢较长；尾后段侧扁，尾末端多呈剑状。皮肤光滑有光泽，整个背面紫褐色，无异色斑纹；体腹面色较浅。

生活于海拔1910～1970 m的石灰岩山区，植被繁茂，有常绿乔木、灌丛和杂草。成鲵非繁殖期营陆栖生活，夜间觅食昆虫、螺类等小动物。繁殖期5—6月，成鲵进入泉水洞内交配产卵，产卵袋一对，黏附在洞内壁上。幼体多隐藏在水凼内叶片和石块下越冬，翌年5—7月完成变态，并上岸营陆栖生活。

中国特有种，分布于贵州。

小鲵科 Hynobiidae，拟小鲵属 *Pseudohynobius*
中国保护等级：Ⅱ级
中国红色名录：濒危（EN）
全球红色名录：极危（CR）

呈贡蝾螈
Cynops chenggongensis

雄螈全长78～96 mm，雌螈全长90～106 mm。头部略扁平，吻端钝圆，唇褶显著，头背面和两侧无棱脊，枕部"V"形隆起或无；躯干呈圆柱状，背部中央脊棱不显著，无肋沟；尾基较粗，向后逐渐侧扁，尾鳍褶较平直，后段略呈弧形，末端钝尖；咽喉部有痣粒，有颈褶，胸、腹部有细横沟纹。皮肤较光滑，略显痣粒，背脊黄褐色，体侧有黄色斑点排成的纵行；体腹面有橘红色或橘黄色与黑色相间的不规则花斑；体尾淡黄绿色，有暗绿色云状斑或呈豹状斑，尾腹鳍褶橘红色，雌螈尾部有明显黑斑。

生活于海拔2000 m左右的湿地、水塘、稻田及附近。3—4月繁殖，卵黏附在水生植物叶上或沉在水底。10月下旬离开水域，蛰伏在田埂缝隙内或田边潮湿松软的坡地泥洞内越冬。

中国特有种，分布于云南。

蝾螈科 Salamandridae，蝾螈属 *Cynops*
中国红色名录：极危（CR）
全球红色名录：极危（CR）

蓝尾蝾螈
Cynops cyanurus

雄螈全长72～85 mm，雌螈全长74～100 mm，背部皮肤较粗糙。头、背、体侧及尾密布小痣粒和疣粒，眼后角下方、口角处及下唇缘有橘红色圆斑，枕部呈"V"形隆起，与背脊棱相连直达体后端，枕部隆起处、背脊、四肢为棕黄色；背面蓝绿色或棕黄色；咽喉部有喉褶及细颗粒，腹面较平滑，有细的横皱纹；尾背鳍边缘为棕黄色，腹鳍褶橘红色。雄螈尾后段尾肌和尾末端为蓝色，其上散布有不规则的黑色或棕色小斑。

生活在海拔1790～2400 m混交林中的池塘或水稻田中，成螈10月至翌年3月蛰伏冬眠，多见于水域附近潮湿的土洞或石穴内；主要在水中捕食水生昆虫、蚯蚓、水蚤等小动物。5—6月在水渠、稻田或林中池塘交配产卵，适应能力强。

中国特有种，分布于贵州、云南。

蝾螈科 Salamandridae，蝾螈属 *Cynops*
中国红色名录：近危（NT）
全球红色名录：无危（LC）

普洱蝾螈 新种
Cynops puerensis sp. nov.

雄螈全长约90 mm，雌螈全长约110 mm，背部皮肤较粗糙。头、背、体侧及尾密布小痣粒和疣粒，眼后角下方和口角处及下唇缘有橘红色圆斑，枕部呈"V"形隆起，与背脊棱相连直达体后端。头背部、体背部、四肢背面为棕褐色；体背脊中央隆起明显，棕黄色，并与尾背脊连接成一条线；咽喉部有喉褶及细颗粒，腹面较平滑，有细的横皱纹，腹部具橘黄色斑纹。雄螈尾后段和尾末端略显蓝色，其上散布有不规则的黑色斑点。

生活在海拔1300 m左右的静水水域，如池塘、沼泽中。

中国特有种，分布于云南。

蝾螈科 Salamandridae，蝾螈属 *Cynops*

滇螈
Cynops wolterstorffi

最大体雄螈全长约110 mm，雌螈全长约136 mm，通身背面黑色。头部、下颌、背腹面及尾侧可见黄色腺体，头顶两侧的橘红色斑或有或无，或多于一个，眼后下方橘红色点显著，鳃孔、外鳃或鳃迹存在；背脊隆起，但不成棱脊，脊纹橘红色，多数体侧有一行由橘红色点组成的纵行链纹；尾背、腹鳍褶及尾尖呈橘红色，少数个体尾末端黑色。

曾经生活于海拔1900 m的昆明滇池、阳宗海周边，常见于水草较多的水渠、池塘、稻田和沼泽浅滩中。由于栖息范围被大量人工填埋，变成了农田或建筑群，再加上水质污染、人工养鸭、引入外来经济鱼类或蛙类等原因，自1984年以来，虽经多次考察，但均未再发现。

中国特有种，分布于云南。

蝾螈科 Salamandridae，蝾螈属 *Cynops*
中国红色名录：灭绝（EX）
全球红色名录：灭绝（EX）

弓斑肥螈
Pachytriton archospotus

体形肥壮，雄螈全长144～185 mm，雌螈全长161～211 mm，皮肤光滑，无瘰疣。头部肥厚，吻部较窄，吻端钝圆，唇褶明显，头背侧无棱脊，颈褶明显；躯干至尾基部圆柱状略纵扁，背脊宽平、略凹，体侧肋沟微凹或不显；四肢较长；体尾两侧有细的横沟纹，尾前段宽厚而粗圆，后半段逐渐侧扁，末端钝圆。体背面颜色有变异，通常为棕黑色或淡灰棕色，体色浅者斑点色深，反之斑点色浅；腹面为橘黄色、橘红色或棕黄色等，有不规则灰棕色斑块，斑的边缘常镶有浅紫蓝色边；体尾满布黑色小圆斑，不同个体斑点多少、大小和疏密程度不一。

生活于海拔800～1600 m的大小山溪内，周围环境多为常绿阔叶林或针阔叶混交林。成螈水栖为主，白天常隐于溪内石块下或石隙间。体表可分泌大量黏液，发出似硫黄的气味。

中国特有种，分布于广西北部、江西、湖南、广东。

蝾螈科 Salamandridae，肥螈属 *Pachytriton*
中国红色名录：无危（LC）
全球红色名录：近危（NT）

瑶山肥螈
Pachytriton inexpectatus

体形肥壮，雄螈全长128～197 mm，雌螈全长144～207 mm。头部扁平，吻部较长，吻端圆，鼻孔极近吻端，颈褶明显，头侧无棱脊，唇褶发达，枕部有"V"形隆起或不显；躯干至尾基部圆柱状，背腹略扁平，肋沟约11条，体两侧和尾部有细横皱纹；咽喉部有纵肤褶和小红斑，有的腹部有横缢纹；四肢粗短；尾基部宽厚，后半段逐渐侧扁，末端钝圆。皮肤光滑，体背面棕褐色或黄褐色，无深色黑圆斑；四肢腹面有小红斑，腹面色浅有橘红色或橘黄色大斑块，或相连呈两纵列；尾下缘橘红色，连续或间断。

生活于海拔1140～1800 m山区原始林中较为平缓的山溪内，溪内石块多，溪底多有粗沙，水质清凉，周边为森林包围。成螈水栖为主，白天多栖于石块下，夜晚在水中石上爬行，主要捕食象鼻虫、石蝇、螺类、虾、蟹等小动物。4—7月繁殖，在溪流中交配产卵。

中国特有种，分布于贵州、广西、湖南。

蝾螈科 Salamandridae，肥螈属 *Pachytriton*
中国红色名录：易危（VU）
全球红色名录：无危（LC）

莫氏肥螈
Pachytriton moi

体形肥壮而平扁，雄螈全长约191 mm。头大略平扁，吻长，吻端钝圆，头侧无棱脊，唇褶发达，枕部略显"V"形隆起。躯干粗壮，背腹略扁平，背部皮肤光滑，背脊不隆起略显浅纵沟，肋沟10条，体、尾两侧有横细皱纹；咽喉部常有纵肤褶，颈褶显著，体腹面光滑无疣；四肢纤细；尾前段宽厚而粗圆，后半段逐渐侧扁，末端钝圆。头体背面及尾两侧深褐色；腹面浅褐色，有几个橘红色小斑点，尾下缘部分橘红色。

生活于海拔800~2200 m的山涧内。成螈水栖为主，夜行性，主要在溪底捕食小动物。

中国特有种，分布于广西。

蝾螈科 Salamandridae，肥螈属 *Pachytriton*
中国红色名录：数据缺乏（DD）
全球红色名录：濒危（EN）

尾斑瘰螈
Paramesotriton caudopunctatus

雄螈全长122～146 mm，雌螈全长131～154 mm。头呈梯形，略扁平，吻端平截，吻棱明显，下唇褶弱，两侧被上唇褶所遮盖；体长大于尾长，头背、体两侧、尾背及四肢背面均密布痣粒，背脊隆起，体侧及尾部前方侧面有肋沟，其间密布小痣粒；尾基圆柱状，向后逐渐侧扁，尾末端薄而钝圆。头、躯干土黄色，背脊中央及体两侧有3条土黄色纵纹，体侧到体腹面由浅绿渐转为橘红色，并有零星分散的黑点或黑纹；腹部斑纹变异大；尾浅土黄色，腹面有大小不一的圆斑。雄螈尾末端两侧有1～2个窄长镶黑边的紫红斑点。

生活于海拔500～1800 m山地溪流中或其旁边的静水池塘，周边环境植被茂密，阴湿。成体水栖为主，夜行性，大多分散匍匐于不同深度的水面下、较光滑之石滩上或水边烂枝叶下。以水生昆虫、虾、蛙卵和蝌蚪等为食。繁殖期4—6月，卵群成片黏附在石缝内。

中国特有种，分布于贵州、重庆、广西、湖南。

蝾螈科 Salamandridae，瘰螈属 *Paramesotriton*
中国保护等级：Ⅱ级
中国红色名录：易危（VU）
全球红色名录：近危（NT）
濒危野生动植物种国际贸易公约（CITES）：附录Ⅱ

越南瘰螈（德氏瘰螈）
Paramesotriton deloustali

雄螈全长160～170 mm，雌螈全长180～200 mm，头略扁平，呈梯形，吻端平切，吻棱明显，下唇褶弱；背脊隆起，背脊中央、头背、体两侧、尾背以及四肢的背面均密布痣粒，体侧及尾部前方侧面有肋沟，其间密布小痣粒；前肢比后肢略长；尾基圆柱状，向后逐渐侧扁，尾末端薄而钝圆。头、躯干部土黄色，背脊及两侧有3条土黄色纵纹，体侧到体腹面由浅绿渐转为橘红色，并有零星黑点或黑纹；腹部斑纹变异较大；尾浅土黄色，后段纵纹不清晰，腹面有大小不一的圆斑点。雄螈尾末端两侧有1～2个窄长镶黑边的紫红斑点。

生活于海拔600～1900 m的山地溪流中，周边为茂密的常绿阔叶林等，夜行性，全年活动，成体大多分散匍匐于水面下，有时也见于坡大流急的水域。以蜻蜓幼虫及小型腹足动物为食。在溪流旁的小水塘中交配产卵。

我国分布于云南，国外分布于越南。

蝾螈科 Salamandridae，瘰螈属 *Paramesotriton*
中国保护等级：Ⅱ级
中国红色名录：近危（NT）
全球红色名录：无危（LC）
濒危野生动植物种国际贸易公约（CITES）：附录Ⅱ

富钟瘰螈
Paramesotriton fuzhongensis

体形肥壮，雄螈全长133～166 mm，雌螈全长134～159 mm。头部平扁，吻端略突出于下颌，头侧有腺质棱脊，唇褶发达；躯干浑圆而粗壮，背面皮肤粗糙，满布密集瘰疣，中央脊棱明显，两侧疣粒大，排列成纵行且延至尾前半部，体两侧和尾上有横缢纹；咽喉部有颗粒疣，体腹面光滑；尾基部粗壮向后渐侧扁而薄，尾末段甚薄，末端钝圆。体背面橄榄褐色或褐色，体侧黑褐色；咽喉部橘红色斑密集，腹面黑色有不规则橘红色小斑点；尾部黑褐色或褐色，末段中部色浅，尾腹缘橘红色。

生活于海拔400～500 m阔叶林区溪流内。成螈多栖于水流平缓处，见于溪底石块下，有时在岸上活动。

中国特有种，分布于广西、湖南。

蝾螈科 Salamandridae，瘰螈属 *Paramesotriton*
中国保护等级：Ⅱ级
中国红色名录：易危（VU）
全球红色名录：易危（VU）
濒危野生动植物种国际贸易公约（CITES）：附录Ⅱ

广西瘰螈
Paramesotriton guanxiensis

雄螈全长125～140 mm，雌螈全长约134 mm，皮肤较粗糙，满布疣粒或痣粒。头部平扁，吻长大于眼径，吻端平截，头侧有腺质棱脊，唇褶甚发达；躯干浑圆粗壮，背部中央脊棱明显，与枕部"V"形隆起相连接，两侧疣粒大，排列成纵行延至尾的前半部，躯干和尾上有横沟纹；咽、胸和腹部有扁平疣；前、后肢几乎等长，后肢相对较粗壮；尾基部粗，向后渐侧扁而薄，尾末端钝圆或钝尖。体背面黑褐色；腹面有不规则橘红色或棕黄色大斑块，有的散有小黑斑；尾部黑褐色，腹缘为橘红色，约在尾后1/4处消失。

生活于海拔470～500 m的山区，成螈多栖于水流平缓、溪底多石块和泥沙、两岸灌木和杂草茂密的溪流内，白天常伏于溪底石下，雨后常在距溪边50～100 cm的腐叶堆、草丛和石缝中活动。夜间外出觅食水生昆虫等小动物。

我国分布于广西，国外分布于越南。

蝾螈科 Salamandridae，瘰螈属 *Paramesotriton*
中国保护等级：II级
中国红色名录：濒危（EN）
全球红色名录：濒危（EN）
濒危野生动植物种国际贸易公约（CITES）：附录II

无斑瘰螈
Paramesotriton labiatus

雄螈全长92～153 mm，雌螈全长94～169 mm。头扁平，吻长与眼径几乎等长，吻端平截，唇褶较明显，枕部有"V"形脊；躯干呈圆柱状，背部脊棱细，略隆起，体背侧无肋沟；无颈褶，体腹面有横缢纹；尾基较粗向后侧扁，尾后部背鳍褶明显，末端钝圆。头体背面皮肤光滑，无瘰疣，有细缢纹，呈橄榄褐色；腹面浅褐色，有不规则橘红色斑，肛孔前部有黑色边，尾下缘呈橘红色。

生活于海拔880～1300 m的山区溪流中，两岸植被繁茂，森林由阔叶树、草本和藤本植物等组成。溪内水流平缓，多有砾石和泥沙。成螈白天隐蔽在水底石下。

中国特有种，分布于广西。

蝾螈科 Salamandridae，瘰螈属 *Paramesotriton*
中国保护等级：Ⅱ级
中国红色名录：易危（VU）
全球红色名录：极危（CR）
濒危野生动植物种国际贸易公约（CITES）：附录Ⅱ

龙里瘰螈
Paramesotriton longliensis

雄螈全长102～131 mm，雌螈全长105～140 mm。头部略扁平，前窄后宽，吻端平截，突出于下唇，唇褶明显，头部后端两侧各有一个大突起，无颈褶；躯干呈圆柱状或略扁；尾基部圆柱状，向后逐渐侧扁，尾背、腹鳍褶薄而平直，尾末端钝尖。皮肤粗糙，满布疣粒和痣粒，体背脊棱隆起很高，两侧有黄色纵带纹或无，无肋沟，躯干及尾上多有横沟纹；头体腹面有不规则的橘红色或橘黄色斑，疣较少，有的腹侧疣粒呈簇状；体尾淡黑褐色，尾下橘红色在尾后部逐渐消失。

生活于海拔1100～1200 m周围长满亚热带森林植物的河流或溪流，也见于大型水库的静水或涌水水域，通常水质清澈，底有石块、泥沙和水草。成螈白天隐伏在石块或落叶下的沙石或水草中，偶尔浮游到水面呼吸空气；夜间常静伏于水底，当昆虫、蚯蚓、蝌蚪、虾、鱼和螺类等小动物经过时，立即张口咬住并慢慢吞食。繁殖期4月中旬—6月下旬。

中国特有种，分布于重庆、贵州、湖北。

蝾螈科 Salamandridae，瘰螈属 *Paramesotriton*
中国保护等级：Ⅱ级
中国红色名录：濒危（EN）
全球红色名录：易危（VU）
濒危野生动植物种国际贸易公约（CITES）：附录Ⅱ

麻栗坡瘰螈 新种
Paramesotriton malipoensis sp. nov.

全长约110 mm，尾长几与头体长等长。头部扁平，前窄后宽，吻端突出于下唇，唇褶明显，头部后端两侧各有一条鳃迹；无颈褶，躯干圆柱状，背中央脊棱明显，无肋沟，躯干和尾部有横沟纹；体背侧各有一纵侧棱直至尾中部，体背面皮肤粗糙，满布痣粒；体腹面光滑、无疣；前、后肢几乎等长，后肢更粗壮；尾基部呈圆柱状，向后逐渐侧扁，尾末端较尖。全身黑褐色，体背侧沿侧棱各有一串明显的橘红色或棕黄色细小斑点至尾中部两侧；体腹面有较为密集的不规则的橘红色或橘黄色斑点；前、后肢基部均有一块较大的橘黄色斑；尾下部橘红色，形成一线条直至尾端。

生活于海拔1200 m左右的山区峡谷溪流。白天隐伏，夜间外出觅食。繁殖期为4—6月，卵单生。

中国特有种，分布于云南。

蝾螈科 Salamandridae，**瘰螈属** *Paramesotriton*
濒危野生动植物种国际贸易公约（CITES）：附录Ⅱ

茂兰瘰螈
Paramesotriton maolanensis

雄螈全长177～192 mm，雌螈全长197～208 mm。头部前窄后宽，吻短，吻端平截，突出在下唇前方，吻棱明显，吻长明显大于眼径，眼睛退化，自然条件下上眼睑和下眼睑为闭合状，唇褶发达；肋沟不明显，背脊棱明显。体呈黑褐色，背脊棱为不连续的黄色纵纹；喉部腹面和体腹色较背部浅，并缀以不规则的大型橘红色斑块和黄色小型斑块；掌、跖部灰白色。

生活在海拔750～850 m喀斯特地貌水流平缓的水塘中，水质清澈温暖并常与地下河相连，周围植被茂盛。平时栖息在水塘底部，较难发现。捕食水塘底部的昆虫和软体动物。

中国特有种，分布于贵州。

蝾螈科 Salamandridae，瘰螈属 *Paramesotriton*
中国保护等级：Ⅱ级
中国红色名录：数据缺乏（DD）
全球红色名录：数据缺乏（DD）
濒危野生动植物种国际贸易公约（CITES）：附录Ⅱ

武陵瘰螈
Paramesotriton wulingensis

雄螈全长124～139 mm，雌螈全长113～137 mm。头部略扁平，前窄后宽，吻端平切，突出于下唇，吻棱明显，上唇褶明显；躯干扁平，有不规则横沟纹；尾基部呈圆柱状，向后逐渐侧扁，末端呈剑状。皮肤较粗糙，体背淡黑褐色，体背到尾部和四肢背面均有大小不一的痣粒，体背脊棱隆起，两侧痣粒呈黑褐色；咽喉部和身体腹面黑色并缀以不规则的橘红色或橘黄色点状斑或条形斑，腹中线有一橘黄色纵带；前后肢基部有橘红色圆形斑点；尾后端两侧有镶黑边的紫红色圆斑。

生活在海拔500～1800 m低山阔叶林小型溪流水流平缓的洄水塘或溪边静水水域中。白天常隐伏在溪底，有时摆动尾部游至水面呼吸；夜间觅食时多静伏于水底，当水生昆虫及其他小动物经过嘴边时，立即张口咬住而后慢慢吞下。

中国特有种，分布于重庆、贵州。

蝾螈科 Salamandridae，瘰螈属 *Paramesotriton*
中国保护等级：Ⅱ级
中国红色名录：近危（NT）
全球红色名录：无危（LC）
濒危野生动植物种国际贸易公约（CITES）：附录Ⅱ

织金瘰螈
Paramesotriton zhijinensis

雄螈全长103～127 mm，雌螈全长102～125 mm。头部略扁平，前窄后宽，吻端平截，突出于下唇，唇褶明显，头部后端两侧各有3条鳃迹；躯干呈圆柱状或略扁；尾基部呈圆柱状，向后逐渐侧扁，尾背、腹鳍褶薄而平直，尾末端钝圆。皮肤粗糙，满布疣粒和痣粒，背中央脊棱明显，无肋沟，躯干和尾部有横沟纹；无颈褶，体腹面疣较少；前、后肢几乎等长，后肢更粗壮。全身黑褐色或浅褐色，体背侧至尾两侧各有一条明显的棕黄色纵纹；体腹面有橘红色或橘黄色的圆形、椭圆形或条形斑点；前、后肢基部各有一个橘红色小圆斑；尾下部有橘红色，在后段逐渐消失。

生活于海拔1300～1400 m的山区，成螈多栖于平缓的山溪或泉水凼内，水底有石块、泥沙和水草。白天隐伏，傍晚外出觅食蚯蚓、鱼、虾和螺类等。繁殖期4—6月，卵单生。

中国特有种，分布于贵州。

蝾螈科 Salamandridae，瘰螈属 *Paramesotriton*
中国保护等级：Ⅱ级
中国红色名录：濒危（EN）
全球红色名录：濒危（EN）
濒危野生动植物种国际贸易公约（CITES）：附录Ⅱ

贵州疣螈
Tylototriton kweichowensis

雄螈全长约160 mm，雌螈全长约190 mm。体粗壮，头呈三角形较扁平，头冠隆起，头顶凹陷，吻短而钝圆，略突出于下颌，上眼睑有小疣粒，下眼睑光滑；四肢粗短；尾基横切面为椭圆形，此后渐次侧扁，中段尾鳍最高。皮肤粗糙，头背面、躯干及尾部有大小不一的疣粒；体两侧瘰疣密集并排列成纵行；体腹面光滑，有横缢纹和小疣。背脊、头后侧及指、趾端为橘红色。

生活在海拔1500～2400 m的山区溪流、小水凼及其附近茂密的草丛或矮灌丛中，溪流水质清澈，溪底沙石丰富。成体非繁殖期栖息于灌丛中朽木烂叶下，活动多见于晚上，觅食昆虫、蛞蝓、虾、螺、蚌及蝌蚪等小动物。繁殖期5—6月，此时雄螈、雌螈相继进入有水草和藻类的水塘中，完成求偶、配对、产卵。卵单生。

中国特有种，分布于贵州、云南。

蝾螈科 Salamandridae，疣螈属 *Tylototriton*
中国保护等级：Ⅱ级
中国红色名录：易危（VU）
全球红色名录：易危（VU）
濒危野生动植物种国际贸易公约（CITES）：附录Ⅱ

片马疣螈 新种
Tylototriton joe sp. nov.

雄螈全长约110 mm，雌螈全长约120 mm，尾长与头体长约相等。头部扁平，吻端圆，无唇褶；躯干呈圆柱状，四肢较发达；尾部较弱，尾基较宽厚，向后逐渐侧扁，末端略尖。皮肤粗糙；头两侧棱脊明显，较直，与耳后腺前端未连接；背部中央脊棱明显，体背和尾前部满布疣粒，体两侧无肋沟，各有排列成纵行的圆形瘰粒13粒，瘰粒较小，前后互不粘连；体腹面疣粒大小一致，有横缢纹。全身黑褐色，有的个体头侧、指趾和尾端颜色略浅。

生活于海拔1200 m左右的亚热带山区。

我国分布于云南，国外缅甸可能有分布。

蝾螈科 Salamandridae，疣螈属 *Tylototriton*
濒危野生动植物种国际贸易公约（CITES）：附录Ⅱ

川南疣螈
Tylototriton pseudoverrucosus

雄螈全长155～173 mm，雌螈全长约178 mm。头部扁平而薄，顶部略凹陷，头长大于头宽，吻短，吻端平截，头顶及两侧骨质棱显著；皮肤粗糙，体两侧至尾基部各有一列15～16枚彼此不相连的圆形大瘰粒；腹面光滑，满布横缢纹；四肢细长，后肢长于前肢；尾侧扁，长大于头体长，尾鳍褶发达。头侧棱脊、体侧大瘰粒、背脊、指趾前段、肛部及尾部均为棕红色，头顶及其他部位黑色或棕黑色；体侧腋至胯部、头和四肢腹面棕红或棕黑色，有棕黑或棕红色斑纹。雄螈肛部呈丘状隆起，尾鳍褶显著高；雌螈肛部扁平，尾鳍褶较窄低。

生活于海拔2300～2800 m的山区森林、灌丛地带，成螈常活动于静水区域和湿地草丛中，捕食小型水生昆虫和软体动物；繁殖期6—7月，成螈昼夜聚集于沼泽地水坑和静水塘中交配或产卵。

中国特有种，分布于四川。

蝾螈科 Salamandridae，疣螈属 *Tylototriton*
中国保护等级：Ⅱ级
中国红色名录：近危（NT）
全球红色名录：濒危（EN）
濒危野生动植物种国际贸易公约（CITES）：附录Ⅱ

丽色疣螈
Tylototriton pulcherrimus

身体粗壮，雄螈全长126～145 mm，雌螈全长134～139 mm。头部扁平略厚，顶部有凹陷，吻短，吻端平截；头顶及两侧骨质棱脊发达，口角位于眼后角下方，耳后腺大；尾侧扁，末端钝尖或尖。皮肤粗糙，体侧各有一列约16枚、彼此不相连的大瘰粒；四肢粗短，后肢略长于前肢；腹面较光滑，满布横缢纹，腹侧有大小疣粒或形成团状。底色棕红或暗红色，头部骨棱、耳后腺、背脊棱、体侧瘰疣和四肢为鲜黄色或橘黄色。雄螈肛部略扁平，雌螈肛部略隆起。

生活于海拔1450～1550 m的山间沟谷雨林中，环境植被茂密，成螈白天隐蔽在林中静水坑（塘）或灌丛下小沟中，夜间和下雨时活动频繁，捕食小型昆虫、软体动物等。5—6月成螈聚集在林间沼泽缓流、静水坑（塘）中交配或产卵。

我国分布于云南，国外分布于越南北部。

蝾螈科 Salamandridae，疣螈属 *Tylototriton*
中国保护等级：Ⅱ级
中国红色名录：近危（NT）
濒危野生动植物种国际贸易公约（CITES）：附录Ⅱ

红瘰疣螈
Tylototriton shanjing

雄螈全长约125 mm，雌螈全长约150 mm，尾长短于体长。头背脊棱隆起，沿吻端分别向头侧，经眼睑内侧与耳后腺相接，耳后脊棱向内弯曲而显出头与颈的分界，头顶中央有一条纵行棱脊；背部脊棱自枕部纵贯至尾基部。皮肤极粗糙，全身密布疣粒，体背脊两侧有1排14～16个规则的、彼此不相连、隆起甚高的瘰疣，最后3～4个在后肢和泄殖腔背面；背部光滑；腹面密布扁平疣。头部、四肢、尾部、肛周、脊棱和瘰疣等均为红棕色或黑红色；背部及体侧棕黑色；腹面以棕黑色为主，有的色稍浅，有棕黑色纹。

栖息于海拔1000～2100 m中低山地带的农舍和农田环境中，营陆地生活。夏、秋季节多活动于水田、水塘、水井及水沟渠边。5—8月为繁殖期。

我国分布于云南，国外分布于缅甸北部。

蝾螈科 Salamandridae，疣螈属 *Tylototriton*
中国保护等级：Ⅱ级
中国红色名录：近危（NT）
全球红色名录：易危（VU）
濒危野生动植物种国际贸易公约（CITES）：附录Ⅱ

101

大凉疣螈
Tylototriton taliangensis

雄螈全长186～220 mm，雌螈全长194～230 mm。头部扁平，吻部高，吻端平截，无唇褶，颈褶明显；躯干粗壮，略扁；四肢长；尾窄长，基部宽后段侧扁，背鳍褶薄，腹鳍褶厚实，尾末端钝尖。皮肤粗糙，头背面两侧棱脊显著，后端向内侧弯曲成弧形，头顶部下凹；背部中央脊棱上有多个凹痕，体背部满布疣粒，无肋沟，有的个体躯体两侧疣粒密集成纵行，体、尾均为褐黑色或黑色；体腹面有横缢纹，颜色较体背面略浅；尾部疣小而少。

生活于海拔1390～3000 m植被茂密、环境潮湿的山谷。成螈陆栖为主，白天多隐蔽在石穴、土洞或草丛下，夜间外出觅食昆虫及其他小动物。繁殖期5—6月，在湖泊、池塘、稻田中交配产卵，卵和幼体在水域内发育生长，一般当年完成变态。

中国特有种，分布于四川。

蝾螈科 Salamandridae，疣螈属 *Tylototriton*
中国保护等级：Ⅱ级
中国红色名录：易危（VU）
全球红色名录：易危（VU）
濒危野生动植物种国际贸易公约（CITES）：附录Ⅱ

棕黑疣螈
Tylototriton verrucosus

　　头体长92～122 mm，尾长92～114 mm。头部扁平，吻端圆，无唇褶；躯干呈圆柱状，四肢发达，后肢较长；尾部较弱，尾基部宽厚，向后逐渐侧扁，末端钝圆或钝尖。皮肤粗糙，头两侧棱脊明显，后端向内弯曲，与耳后腺前端相连接；背部中央脊棱明显，体背和尾前部满布疣粒，体两侧无肋沟，各有圆形瘰粒15枚左右，排列成纵行；体腹面疣粒大小一致，有横缢纹。体背面黑褐色或褐色，仅头部、体侧瘰粒、四肢和尾部有暗橘红或暗橘黄色。

　　生活于海拔1500 m左右亚热带山区湿性森林中，栖息于永久性的林中小溪、池塘及其附近，繁殖于水体的浅滩区。

　　我国分布于云南，国外分布于缅甸。

蝾螈科 Salamandridae，疣螈属 *Tylototriton*
中国保护等级：Ⅱ级
中国红色名录：近危（NT）
全球红色名录：近危（NT）
濒危野生动植物种国际贸易公约（CITES）：附录Ⅱ

滇南疣螈
Tylototriton yangi

身体粗壮，雄螈全长127～158 mm，雌螈全长145～172 mm。头部扁平宽厚，顶部有凹陷，吻短，吻端钝或略平截，头顶及两侧有发达的骨质棱脊，口角位于眼后角下方；皮肤粗糙有大小疣粒，体背两侧至尾基部各有一纵列彼此不相连的16～17枚大瘰粒；雄螈躯干宽度均匀，雌螈躯干后段较宽；腹面光滑，满布横缢纹；四肢粗短，后肢长于前肢；尾侧扁，尾鳍褶不发达。头后部两侧耳后腺、体侧瘰粒、背脊、指趾前段、肛部及尾部为鲜橘红色，头部及其他部位为黑色或棕黑色，体侧腋部至胯部、胸前或腹后部有橘黄或橘红色斑纹。

生活于海拔1200～1800 m植被茂密的喀斯特丘陵区，多在农田附近，成螈白天隐于静水塘、土壁、灌丛或高草下的泥洞中，夜间湿度越大外出活动越频繁。捕食小型昆虫、软体动物。繁殖期5—6月，成体多聚集在林间浸水沟、田间蓄水坑或沼泽地沟渠内交配或产卵；幼体生活在静水塘内。

中国特有种，分布于云南。

蝾螈科 Salamandridae，疣螈属 *Tylototriton*
中国保护等级：Ⅱ级
中国红色名录：近危（NT）
全球红色名录：濒危（EN）
濒危野生动植物种国际贸易公约（CITES）：附录Ⅱ

细痣瑶螈
Yaotriton asperrimus

雄螈全长118～138 mm，雌螈略大。头部扁平，吻端平截，无唇褶；躯干呈圆柱状略扁，背鳍褶较高而薄，腹鳍褶较厚；四肢较细；尾侧扁，尾末端钝尖。皮肤粗糙，满布瘰粒和疣粒，头侧棱脊甚显著，耳后腺后部向内弯曲，头顶"V"形棱脊与背部中央脊棱相连；体两侧各有圆形瘰粒13～16枚排成纵行；体腹面黑色，颈褶明显，胸、腹部有细密横缢纹，指、趾、肛部和尾部下缘橘红色；体尾背面黑褐色。

生活于海拔1320～1400 m山间竹林或原始林中凹地静水塘及附近。成螈营陆栖生活，非繁殖期多栖息于静水塘附近潮湿的腐叶中或树根下的土洞内，夜晚捕食各种昆虫、蚯蚓、蛞蝓等小动物。繁殖期4—5月，成螈到水塘的岸边落叶层下产卵。幼体在静水塘内生活，当年完成变态。

中国特有种，分布于广西、广东。

蝾螈科 Salamandridae，瑶螈属 *Yaotriton*
中国保护等级：Ⅱ级
中国红色名录：近危（NT）
全球红色名录：近危（NT）
濒危野生动植物种国际贸易公约（CITES）：附录Ⅱ

文县瑶螈
Yaotriton wenxianensis

雄螈全长126~133 mm，雌螈全长105~140 mm。头扁平，长宽几相等，吻端平直，无唇褶，头顶中间"V"形脊棱与背正中脊棱相连；躯干呈圆柱状，背腹略扁；四肢较细；尾基部较宽，向后侧扁，尾肌弱，末端钝尖。皮肤很粗糙，头背面两侧脊棱显著，体背、腹面及尾部满布大小较一致的疣粒，体两侧的瘰疣较为密集，几乎连成纵行，背鳍褶不发达，较高，呈弧形；颈褶明显，腹面疣粒不成横缢纹状，腹鳍褶平直而厚；体尾褐黑或墨黑色，指、趾、掌及尾腹鳍褶橘黄或橘红色，腹面颜色比体背面略浅。

生活在海拔940~1400 m亚热带繁茂的山区森林或其周边的溪流、池塘，非繁殖期在陆地林中生活；繁殖期5月，成螈到静水塘活动和繁殖。

中国特有种，分布于四川、重庆、贵州、甘肃。

蝾螈科 Salamandridae，瑶螈属 *Yaotriton*
中国保护等级：Ⅱ级
中国红色名录：易危（VU）
全球红色名录：易危（VU）
濒危野生动植物种国际贸易公约（CITES）：附录Ⅱ

无尾目
ANURA

强婚刺铃蟾
Bombina fortinuptialis

雄蟾体长52～64 mm，雌蟾体长52～61 mm。头宽大于头长，无鼓膜，无颞褶；皮肤粗糙，头体背面满布大小不等的瘰粒，上有小黑刺，体侧及四肢背面瘰粒稀少而扁平；后肢短，趾略扁，趾端呈球状，趾基部有微蹼，指略扁，指端圆；咽喉部无疣或疣粒少，腹面皮肤光滑。体背灰黑、灰棕或紫褐色；四肢背面有1～2条黑横纹；腹面紫褐色，胸腹部有橘红色或橘黄色斑，股基部一对大而醒目。雄蟾胸部横贯一整片均匀的黑刺疣，每一疣粒上有黑刺2～10枚。

成蟾生活于海拔1200～1640 m的山区林间，常见于静水塘及其附近。

中国特有种，分布于广西。

铃蟾科 Bombinatoridae，铃蟾属 *Bombina*
中国红色名录：易危（VU）
全球红色名录：易危（VU）

利川铃蟾
Bombina lichuanensis

雄蟾体长59～63 mm，雌蟾体长63～70 mm。头宽大于头长，吻端圆而高，无鼓膜；咽、胸部有小黑刺，胸侧疣粒上黑刺密集。皮肤粗糙，除吻端和头侧外，整个背面密布大小瘰疣，眼前角间有一对圆疣，眼后各有一个椭圆形大瘰粒，肩上方背中部有一对长弧形瘰粒，体侧瘰疣略小；前肢指基部微蹼，后肢较短，趾端圆，趾侧缘膜宽，在趾基部相连成微蹼；腹部有橘红或橘黄色小斑或碎斑。雄性前肢内侧、内掌突和内侧3指有细密棕黑色婚刺，无声囊。

生活于海拔1830 m左右的有林山区，常见于静水塘及其附近。成蟾白天栖于沼泽地泥窝或草丛中；夜晚在有水的泥窝内，身体前部露出水面，行动迟缓。繁殖期4—6月。

中国特有种，分布于四川、湖北。

铃蟾科 Bombinatoridae，铃蟾属 *Bombina*
中国红色名录：易危（VU）
全球红色名录：易危（VU）

大蹼铃蟾
Bombina maxima

　　雄蟾体长47～51 mm，雌蟾体长44～49 mm。头较短，吻部高，吻端圆，颊部外斜，无鼓膜；前肢粗壮，指侧扁，端部呈圆形，指侧有缘膜，后肢粗短，趾蹼达趾端。通身暗绿色或灰蓝色，体背面及四肢背面密布大小不等的圆形或椭圆形腺质瘰粒，其上或其间满布小刺疣，疣刺脱落后可形成小孔；腹面有橘红色及黑褐色大斑；雄蟾胸部左、右各有一团扁平疣，上有许多棕黑刺。

　　多生活在海拔2000～3300 m的静水塘、小山溪缓流处石块下。在陆地上受惊扰时，会将四肢掌、跖部向上翻转，显露出橘红色，是一种警示和反捕行为。成蟾捕食多种昆虫及其幼虫，对防治农、林害虫有一定作用。5—6月繁殖，蝌蚪在静水塘内生活。

　　中国特有种，分布于四川、贵州、云南。

铃蟾科 Bombinatoridae，铃蟾属 *Bombina*
中国红色名录：无危（LC）
全球红色名录：无危（LC）

微蹼铃蟾
Bombina microdeladigitora

雄蟾体长71～78 mm，雌蟾略大。吻棱不明显，颊部向外倾斜，无鼓膜，无颞褶；皮肤粗糙，除吻端及头侧外，整个背面都有大小腺粒，肩上有4个排列成"X"形的大粒，体侧无疣粒或疣粒少；前肢较短，指侧缘膜窄而厚，基部蹼迹明显而厚，后肢短，趾略扁，趾端圆，基部有微蹼。唇缘有黑色纵纹，背面棕黄色杂以绿色或黑斑，前后肢背面有一宽黑斑；腹面皮肤光滑，以黑色为主，胸部及股基部或有一对朱红色斑，腹部散有少数朱红色斑块。雄蟾咽喉、胸部有稀疏的浅色大小疣粒及小黑刺。

生活于海拔1900～2200 m山区林地沼泽，成蟾常栖于森林区沼泽地浅水泥窝内或隐蔽在树洞中，行动笨拙，爬行缓慢。

我国分布于云南，国外分布于越南北部。

铃蟾科 Bombinatoridae，铃蟾属 *Bombina*
中国红色名录：易危（VU）
全球红色名录：易危（VU）

高山掌突蟾
Leptobrachella alpina

雄蟾体长24～26 mm，雌蟾体长约32 mm。头较高，长宽几乎相等，吻端钝圆，鼓膜大而圆，两眼间有三角形斑；体背面灰棕色或灰褐色，两肩之间常有"W"形褐色斑；前肢较粗，后肢较长；体腹面光滑，黄白色，胸腹部有褐黑色斑点，腹侧有白色腺体排列成纵行。

生活在海拔1150～2400 m山区平缓溪流及其附近，所在环境植被繁茂。成蟾栖于平缓溪流及其附近；繁殖期3月下旬—4月。

中国特有种，分布于云南。

角蟾科 Megophryidae，掌突蟾属 *Leptobrachella*
中国红色名录：濒危（EN）
全球红色名录：近危（NT）

福建掌突蟾
Leptobrachella liui

雄蟾体长23～29 mm，雌蟾体长23～28 mm。吻高，吻端钝圆，略突出于下唇缘，颞褶明显，鼓膜圆而清晰，两眼间有深色三角斑；皮肤光滑或有小疣粒，体背面灰棕色或棕褐色，肩上方有"W"形斑，肩基部上方有一个白色圆形腺体；前肢较粗壮，胫跗关节部位浅棕色，后肢较长，趾基具蹼迹；腹面光滑无斑或略显小云斑，腋腺大，腹侧有白色腺体排成纵行。

生活在海拔730～1400 m林地山溪边泥窝、石隙或树皮落叶下，白天隐藏在阴湿处，夜间栖于溪边石上或竹枝以及枯叶上。鸣声尖而大。

中国特有种，分布于贵州、广西、浙江、江西、湖南、福建、香港。

角蟾科 Megophryidae，掌突蟾属 *Leptobrachella*
中国红色名录：无危（LC）
全球红色名录：无危（LC）

峨山掌突蟾
Leptobrachella oshanensis

体形小，雄蟾体长27～31 mm，雌蟾体长约32 mm。头较高，长宽几乎相等，吻端钝圆，鼓膜大而圆；体背部细肤棱不规则或有分散小疣，背两侧肤棱断续可达胯部，体侧肩上方到胯前有成行排列的疣粒6～8枚。体背面红棕色，两眼间有黑色三角斑；体腹面光滑，咽喉部有麻斑，胸、腹部无斑，腹侧腋部至胯部有白色腺体排成纵行。

生活于海拔720～1800 m山区阔叶林和混交林下溪流中或其附近。成蟾白天多栖于溪边石下、石隙、泥缝内或沟边竹根下。4—7月为繁殖期，蝌蚪分散在溪底或小溪边水内石隙间。

中国特有种，分布于四川、重庆、贵州、湖北、甘肃。

角蟾科 Megophryidae，掌突蟾属 *Leptobrachella*
中国红色名录：无危（LC）
全球红色名录：无危（LC）

萤掌突蟾
Leptobrachella pelodytoides

体形细长，雄蟾体长34~35 mm，雌蟾体长约46 mm。头长略大于头宽，吻端钝圆，较下颌突出，颊部稍向外倾斜，鼓膜圆而明显，颞褶明显，在鼓膜后背方呈钝角状，与一白而圆的痣粒相接；皮肤粗糙，体背灰棕色或棕褐色，体背及体侧有许多长或圆的疣粒；上臂基部有一白色圆形痣粒，胫部外侧有细长肤褶；腹面光滑，有一对腋腺，股后腹面左右各有一深色斑，上有许多腺体，股外侧后方有一白色大疣粒，泄殖肛孔背面两侧各有一白色痣粒。

栖息在海拔1300 ~ 1400 m阔叶林繁茂的山溪旁，成体多在石隙、泥缝内或树皮下活动。蝌蚪栖于溪底或水凼内的石隙间或浅水处枯枝腐叶下。

我国分布于云南，国外分布于缅甸、泰国、越南。

角蟾科 Megophryidae，掌突蟾属 *Leptobrachella*
中国红色名录：易危（VU）
全球红色名录：无危（LC）

屏边掌突蟾 新种
Leptobrachella pingbianensis sp. nov.

体形较小，体长雄性约28 mm，雌性约39 mm。头宽大于头长，吻端钝圆，突出于下颌，鼓膜明显，颞褶较宽厚；背部皮肤较光滑，体背及体侧有少量短皮肤褶，胫部外侧有细长肤褶；腹面光滑，有一对腋腺。体背灰棕色或棕褐色，体侧色浅，有3个显目的成排纵置的深色块斑；胸腹部有深色斑点，股后无深色斑。

生活在海拔1650～2400 m山间平缓溪流及其附近，周边多为繁茂的阔叶林，地面较潮湿。

中国特有种，分布于云南。在《云南生物物种名录》（2016年版）中首次明确为新种。

角蟾科 Megophryidae，**掌突蟾属** *Leptobrachella*

上思掌突蟾
Leptobrachella shangsiensis

雄蟾体长25～29 mm，雌蟾体长32～36 mm。头较高，长宽几相等，吻端钝圆，瞳孔纵置，虹膜上部分古铜色，下缘浅银色，鼓膜大而圆；体背红褐色，有深色斑纹和小疣粒，体侧具不连续的长形小疣粒；趾间具微蹼，趾侧缘膜狭窄；腹面浅黄色，有大理石状斑纹。

生活于海拔500 m左右常绿阔叶林中的溪沟内。成蟾白天多栖于溪边石下或石隙、泥缝内，天黑后在溪沟的石头上开始鸣叫。

中国特有种，分布于广西。

角蟾科 Megophryidae，**掌突蟾属** *Leptobrachella*
全球红色名录：近危（NT）

三岛掌突蟾
Leptobrachella sungi

雄蟾体长48～53 mm，雌蟾体长57～59 mm。吻端钝圆，鼓膜圆，上眼睑有颗粒状疣粒；皮肤较粗糙，头部、背部、体侧和四肢背面有许多圆形或长形小疣粒；前肢较粗壮，后肢适中；腹面皮肤光滑，腋腺卵圆形，有股后腺。体背浅棕色或灰棕色，两眼间有深褐色三角斑，眼下方有一醒目的褐黑色斑，吻棱和颞褶下方有褐黑色纵线纹，背部和上眼睑外侧疣粒以及颞褶均为橘黄色；体侧和四肢背面颜色较体背浅，前臂、股部和胫部各有褐色细横纹5～8条；头体腹面浅黄色，无色斑，股部腹面淡红色，有浅灰色小斑点。

生活于海拔330～960 m常绿阔叶林繁茂的山区溪流旁，溪内多岩石。雨夜较活跃，5—8月繁殖，产卵于溪流中。

我国分布于广西，国外分布于越南北部。

角蟾科 Megophryidae，掌突蟾属 *Leptobrachella*
中国红色名录：濒危（EN）
全球红色名录：无危（LC）

腹斑掌突蟾
Leptobrachella ventripunctata

体形大，雄蟾体长48～53 mm，雌蟾体长57～59 mm。吻端钝圆，吻棱明显，颊部垂直，略内凹，颞褶清晰；前肢较粗壮，指末端球状，指间无蹼，后肢较长，趾末端球状，趾侧缘膜弱。皮肤粗糙，头部、背部、体侧和四肢背面有许多圆形或长形小疣粒，上眼睑有颗粒状疣粒，外侧缘明显呈颗粒状；胫部外侧有几条纵行细肤褶；肛下方有3～5个较大的浅色疣粒；腹面皮肤光滑，胸腹部有黑褐色斑。

生活在海拔850～1000 m常绿阔叶林、竹类、芭蕉、灌丛及杂草生长繁茂的山区溪流两旁。白天隐匿在溪流两岸潮湿的草丛中；夜晚栖于溪旁灌丛或杂草枝叶上。

我国分布于云南，国外分布于越南、老挝。

角蟾科 Megophryidae，**掌突蟾属** *Leptobrachella*
中国红色名录： 无危（LC）
全球红色名录： 数据缺乏（DD）

哀牢髭蟾
Leptobrachium ailaonicum

体形大，雄蟾体长73～82 mm，雌蟾体长67～79 mm。雄性上唇缘每侧有排列不规则的黑色角质刺10～24枚。头宽大于头长，宽而扁平，吻端圆形，略超出下颌，吻棱显著，眼大，瞳孔垂直椭圆形，眼球上半部为浅蓝色，下半部为棕黑色；通体背面皮肤满布彼此交织相连构成的网状短肤棱，体后部有少数稍大的圆形瘰粒，四肢背面肤棱极强，纵斜排列，其间有小疣分布；前肢长，指粗，末端呈圆球状，后肢短，趾间半蹼；腹面密布小疣，下颌部疣小而密，肛周稀疏。背面紫棕色或灰紫棕色，有许多小黑斑；后肢横纹显著，趾末端米黄色；腹面乳白色，满布碎云斑。

分布在海拔1900～2500 m沟谷常绿阔叶林内小型或中型山溪附近，周边植物群落结构复杂，气候温暖潮湿、光照较弱，林内多岩隙。非繁殖期营陆栖生活，夜间出外活动；成蟾繁殖期在溪内石块下配对和产卵。

我国分布于云南，国外分布于越南。

角蟾科 Megophryidae，拟髭蟾属 *Leptobrachium*
中国保护等级：Ⅱ级
中国红色名录：近危（NT）
全球红色名录：近危（NT）

峨眉髭蟾
Leptobrachium boringii

雄蟾体长70~89 mm，雌蟾体长59~76 mm。雄性上唇缘具10~16枚锥状大黑刺，雌蟾相应部位为橘红色小点；眼球上半部蓝绿色，下半部深棕色，上颌色浅。体背面和四肢背面为紫蓝色略显棕色，有不规则深色斑，背部皮肤有密而均匀的网状肤棱，上有小痣粒；四肢背面有横纹，前臂背面为纵行肤棱，且痣粒明显；头后侧方、咽部、腹部满布乳白色小颗粒，腋部各有一颗乳白色腺体，股后各有一个乳白色疣粒，腹面淡紫色，可见隐纹。

生活在海拔700~1700 m植被繁茂的山溪附近。成蟾在山坡草丛中营陆栖生活；繁殖期2—3月，成蟾进入流水较缓而石块甚多的溪段内，卵产在石块底面，呈圆环状或团状。蝌蚪多在洄水凼内石间。

中国特有种，分布于四川、重庆、贵州、云南、广西、湖南。

角蟾科 Megophryidae，拟髭蟾属 *Leptobrachium*
中国保护等级：Ⅱ级
中国红色名录：濒危（EN）
全球红色名录：濒危（EN）

沙巴拟髭蟾
Leptobrachium chapaense

体形中等平扁，雄蟾体长46～52 mm，雌蟾体长约60 mm。头扁而宽，上唇缘无角质刺，吻圆而宽扁，瞳孔纵置，虹膜颜色很深或黑色，鼓膜显；皮肤光滑，背部有痣粒组成的网状肤棱；四肢背面肤棱不明显，前肢较细，后肢甚短，指、趾端圆，趾间具微蹼；体腹部及四肢腹面满布白色扁平痣粒。背面多为褐色、黑褐色、红褐色或紫褐色，并有深色网状纹，颞部多为棕褐色或棕红色，体侧和股后部黑色，有浅黄色或浅棕色斑块；四肢有宽黑纹；腹部紫褐色，满布白点或白色网纹；胸部两侧略显弧形斑，呈")("形，胯部有月牙形浅色斑或不显，四肢腹面有白色斑。雄性有单咽下内声囊，有雄性线。

生活在海拔1000～1900 m的热带和南亚热带山区常绿阔叶林中小溪及其附近石块下。

我国分布于云南，国外分布于越南、老挝、缅甸、泰国。

角蟾科 Megophryidae，**拟髭蟾属** *Leptobrachium*
中国红色名录： 近危（NT）
全球红色名录： 无危（LC）

广西拟髭蟾
Leptobrachium guangxiense

雄蟾体长54～58 mm，雌蟾体长63～65 mm。头大而宽扁，吻部宽阔，吻端圆，略突出于下唇，吻棱明显，鼓膜横椭圆形，颞褶明显；体背面皮肤较光滑，有细小疣粒组成的网状肤棱；前肢较细长，后肢较细短，四肢背面有明显的长肤棱；胯部有浅色月牙形斑，颏部、咽喉和胸腹以及股部腹面满布扁平疣粒。体背面紫褐色，有不规则的紫黑色斑纹和浅色痣粒；上唇灰棕色，鼻孔后和眼前角各有一黑色斑；前臂及股、胫部各有3～5条紫黑色横纹；咽胸部色较浅略带棕色，散有白色痣粒，腹面和四肢腹面深紫褐色，满布乳白色小痣粒。

栖于海拔480～530 m的山间溪流及其附近，栖息环境阴暗潮湿，植被繁茂，有高大阔叶乔木及少数灌丛，地面落叶和杂草甚多。繁殖期4—5月，成蟾鸣叫声洪亮。

我国分布于广西，国外分布于越南。

角蟾科 Megophryidae，拟髭蟾属 Leptobrachium
中国红色名录：濒危（EN）

华深拟髭蟾
Leptobrachium huashen

雄蟾体长47～51 mm，雌蟾体长约60 mm。头部宽大而扁平，且宽大于长，吻圆而宽扁，吻棱明显，鼓膜不明显，颞褶细而清晰，在口角后部向下弯曲斜至肩部，呈钝角状；体背面光滑，网状肤棱不明显，散有少数疣粒，体侧皮肤较粗糙，具疣粒；前肢细长，后肢较短，四肢背面光滑，有弱肤棱；咽喉、胸、腹部及股部腹面满布白色颗粒疣。体背面灰蓝色或灰棕色，散有黑褐色虫纹斑或点状斑，体侧有深浅相间的小斑或网状斑；胯部有浅色月牙斑，四肢具粗横纹；腹面紫罗兰色，胸部中央色浅，颗粒疣白色，胸部两侧有深色弧形斑。

生活在海拔1000～2400 m常绿阔叶林中小山溪及附近。非繁殖期陆生，栖于林下草丛或落叶、苔藓下及土隙内。繁殖期2月，成蟾白天多隐匿于石下，夜间常在溪岸上鸣叫。

中国特有种，分布于云南。

角蟾科 Megophryidae，拟髭蟾属 *Leptobrachium*
中国红色名录：近危（NT）
全球红色名录：无危（LC）

雷山髭蟾
Leptobrachium leishanense

体粗壮，雄蟾体长69～96 mm，雌蟾体长约70 mm，繁殖期雄蟾上唇缘两侧各有两枚粗壮的黑色角质刺。头扁平，头宽大于头长，吻宽圆，吻棱明显，颊部宽，瞳孔纵置，鼓膜不显，颞褶明显，窄而细；皮肤光滑，体背及体侧皮肤松弛，体背及四肢背面均有网状肤棱，体侧疣粒多；腹部满布小白痣粒，腋部有一对紫灰色腺体，胯部有灰白色月牙斑。

栖息在海拔1100～1800 m阔叶林带的山区溪流及其周边，成体非繁殖期营陆栖生活，栖于林间潮湿环境内。繁殖期进入溪流石下产卵。蝌蚪多在缓流处水凼内石下，以苔藓和浮游生物为食，经2～3年才变成幼蟾。

中国特有种，分布于贵州。

角蟾科 Megophryidae，拟髭蟾属 *Leptobrachium*
中国保护等级：Ⅱ级
中国红色名录：易危（VU）
全球红色名录：濒危（EN）

原髭蟾（密棘髭蟾）
Leptobrachium promustache

雄蟾体长52～62 mm，雌蟾体长59～62 mm，雄蟾上唇缘有排列不规则的黑色角质刺165～194枚。头较扁平，头宽略大于头长，且大于体宽，头顶略凹，眼大，眼间和吻部较平坦，吻圆，颞褶从眼后角到鼓膜后背方急转向颌角处；头体背面皮肤满布弱的细肤棱，彼此相连构成网状，体侧具小白疣；前肢长，指间无蹼，指侧有明显缘膜，后肢短，趾基部具蹼，趾侧缘膜显著，四肢背面具肤棱；腹面以乳白色为主，咽、胸、腹部和四肢腹面具细小疣粒，满布黑色细点和黑褐色碎斑。雄性有单咽下内声囊。

生活在海拔1300～2089 m山区森林的溪流内，成蟾11月中旬抱对时，隐蔽在溪流内石块下，其余雄蟾隐于泥沙内。同域分布有哀牢髭蟾。

我国分布于云南，国外分布于越南。

角蟾科 Megophryidae，拟髭蟾属 *Leptobrachium*
中国保护等级：Ⅱ级
中国红色名录：濒危（EN）
全球红色名录：数据缺乏（DD）

腾冲拟髭蟾
Leptobrachium tengchongense

雄蟾体长约45 mm。头大而宽扁，头长略小于头宽，吻端圆，吻棱明显，颊部凹陷，眼大，略突出，鼓膜圆形不清晰，头部有明显的黑色不规则斑块，颞褶下方有一黑色条纹，眼前角的下部有一小黑点；体背浅灰色，体两侧上部颜色跟背部颜色一致，下部颜色跟腹部一致；四肢背面有明显的黑色宽条带；胸部明显白色，腹部和四肢腹面深紫灰色。声囊大，呈长裂形。

栖息于海拔2000～2700 m保持完好的山地常绿阔叶林区水质清澈、布满岩石的溪流，常见于河岸林下。

中国特有种，分布于云南。

角蟾科 Megophryidae，拟髭蟾属 Leptobrachium
中国红色名录：数据缺乏（DD）
全球红色名录：濒危（EN）

瑶山髭蟾
Leptobrachium yaoshanensis

体粗壮，雄蟾体长68～95 mm，雌蟾体长57～81 mm，繁殖期雄蟾上唇缘两侧各有1～2枚粗壮的黑色角质刺。头扁平，头宽大于头长，吻宽圆，吻棱明显，颊部宽，明显向外倾斜，瞳孔纵置，鼓膜不显，颞褶窄而细，在鼓膜上缘呈钝角状；皮肤较光滑，体背及体侧皮肤松弛，体背及四肢背面均有网状肤棱，体侧疣粒多；腹部满布小白痣粒，腋部有一对紫灰色腺体，胯部有灰白色月牙斑。

生活于海拔800～1600 m林木繁茂的山区。成蟾营陆栖生活，栖息在溪流附近的草丛、土穴内或石块下，也可见于农田。蝌蚪多在溪流平缓处或洄水凼内，白天隐蔽在石缝内，以苔藓、藻类为食，大约3年可变态成幼蟾。

中国特有种，分布于广西、湖南、广东。

角蟾科 Megophryidae，拟髭蟾属 *Leptobrachium*
中国红色名录：近危（NT）
全球红色名录：无危（LC）

大花无耳蟾
Atympanophrys gigantica

体形大,雄蟾体长89～96 mm,雌蟾体长93～115 mm,通身背面棕色、酱紫色或紫黑色。头顶及背侧有深棕色斑块,头后散布不规则的红棕色和灰黄色斑纹,上颌缘灰黄色,吻端正面有"X"形斑纹存在,上唇缘有栉齿状疣粒。皮肤光滑,胸部有3条短黑线,体侧有圆疣;四肢背面灰棕色,有股外侧腺体;腹面有橘红色斑。

生活在海拔1400～2400 m中阔叶林下的山溪中。

中国特有种,分布于云南。

角蟾科 Megophryidae,无耳蟾属 *Atympanophrys*
中国红色名录:易危(VU)
全球红色名录:易危(VU)

沙坪无耳蟾
Atympanophrys shapingensis

体形较大，雄蟾体长约77 mm，雌蟾体长约94 mm。头扁平，头宽略大于头长，吻部略呈盾形，吻端显著突出下唇，瞳孔纵置，无鼓膜但有耳柱骨，头部眼间三角形和背部斑呈酱黑色；体背面痣粒多，有3对由痣粒或小疣组成的肤棱；后肢较长，趾侧缘膜甚宽，趾间具半蹼。体背面皮肤光滑，颜色变异颇大，一般头及肩前部红棕色，背部及四肢背面绿灰色，有的有棕红色或酱黑色花斑；四肢有黑褐色横纹；腹面颜色有多种变异，一般有橘黄色斑点。

生活于海拔2000～3200 m乔木或灌木繁茂的山溪或其附近。繁殖盛期有群集现象。成蟾捕食多种有害昆虫及其幼虫，对山区农牧业有益。蝌蚪生活在溪流岸边石块间。

中国特有种，分布于四川、云南。

角蟾科 Megophryidae，无耳蟾属 *Atympanophrys*
中国红色名录：无危（LC）
全球红色名录：无危（LC）

平顶短腿蟾
Brachytarsophrys platyparietus

体形大、粗壮，雄蟾体长86～113 mm，雌蟾体长119～131 mm。头宽而扁平，上眼睑有3个肉质突起，中间者长，吻棱不呈角状，鼓膜隐于皮下，颞褶显著而弯曲；皮肤光滑，背部无肤棱，体背、四肢背面均为棕色，体侧具扁平疣，无纵行腺褶；跗部无褶，趾侧缘膜显著，趾间大于1/3蹼，无关节下瘤；胸部、侧腹部至身体侧面、腹面与四肢后部有许多小的锥状角质疣粒。

生活在海拔2000～2450 m山区常绿阔叶林小水箐沟，繁殖期到有少量流水的大石块下产卵。

中国特有种，分布于云南、四川、贵州、广西。

角蟾科 Megophryidae，短腿蟾属 *Brachytarsophrys*
全球红色名录：无危（LC）

宽头短腿蟾
Brachytarsophrys carinense

体形大，雄蟾体长92～123 mm，雌蟾体长137 mm左右。通身皮肤光滑而坚韧。头顶部略凹陷，上唇灰白色，上眼睑有锥状突，枕部有一条横沟，咽部皮肤粗糙，有许多小疣。体背和四肢背面有小圆疣，背面浅棕色、紫棕色或红棕色，有不规则且不清晰的褐色点状斑；四肢强壮，后肢短，趾间几无蹼，背面有宽横斑；腹面棕色或浅紫棕色，后端疣粒稍大，肛孔附近小圆疣多。

生活于海拔650～1400 m热带、亚热带中山地带。鸣声洪亮而低沉。5—6月产卵于山溪浅水处石下。

我国分布于云南南部，国外分布于缅甸、泰国、越南。

角蟾科 Megophryidae，短腿蟾属 *Brachytarsophrys*
中国红色名录：近危（NT）
全球红色名录：无危（LC）

川南短腿蟾
Brachytarsophrys chuannanensis

体形宽短而肥硕，雄蟾体长91～109 mm。头宽扁，头宽大于头长，吻端圆，略突出于下唇，吻棱明显；颊部向外倾斜，颊面略内陷，颞部亦向外倾斜；颞褶显著，散有小疣粒，后端呈钝角状，眼睑外缘有一个锥状长疣。皮肤较光滑，头顶皮肤与头骨紧密相连，背部和四肢背面有稀疏小圆疣，体侧至腹侧的疣粒大而明显；前肢粗壮，指端圆，略膨大，指侧无缘膜，后肢粗短，趾粗短，具显著的厚缘膜，趾间略显蹼迹；咽喉部密布小圆疣粒，腹部和四肢腹面皮肤光滑，肛附近和股后下方有许多小疣粒。

生活于海拔800～1400 m植被茂密的山溪或泉水沟内及其附近。成蟾白天多隐匿在土洞深处或溪流石缝内。5月中旬前后为产卵盛期，蝌蚪栖于溪流洄水处，有时隐藏于石间。

中国特有种，分布于四川、贵州。

角蟾科 Megophryidae，短腿蟾属 *Brachytarsophrys*
中国红色名录：近危（NT）
全球红色名录：近危（NT）

费氏短腿蟾
Brachytarsophrys feae

体形大、短而肥，雄蟾体长78～102 mm，雌蟾体长91～114 mm。头大而且宽扁，上唇灰白色，枕后横行肤褶极其明显；体背紫棕色或棕色，云状斑若隐若现，背侧有少数腺状瘰粒，圆形或长形，肩上方较明显；四肢强壮，背面有宽横斑，后肢短，趾间几无蹼；腹面棕色或浅紫棕色。

生活在海拔950～2800 m山地常绿混交林区无水箐沟的大石块下，繁殖期到有流水的石块下产卵，周边植物和灌丛生长茂盛。

我国分布于云南西部，国外分布于缅甸北部。

角蟾科 Megophryidae，短腿蟾属 Brachytarsophrys
中国红色名录：近危（NT）
全球红色名录：无危（LC）

小口拟角蟾
Ophryophryne microstoma

个体小，雄蟾体长28～36 mm，雌蟾体长47～49 mm。头小而高，口裂小，上眼睑有一个细长突出的肉质突；体背面浅棕色，皮肤有细痣粒，痣粒顶部有角质颗粒，体侧棕黑色斑纹清晰，有扁平圆疣；四肢背面有短肤棱、角质颗粒和棕色横纹，掌突不显，胸外侧和股外侧各有一对腺疣，胯部及股内外侧和趾末端为淡红色；腹面有浅棕色斑块，肛侧至股外侧有水平棕色纹。

生活于海拔220～1200 m山区常绿阔叶林区小溪及附近。成蟾见于溪内浅滩，溪旁灌丛中、蕨类上、石缝中或岩石上。5月在溪内繁殖产卵。

我国分布于云南、广西、广东，国外分布于越南、老挝、柬埔寨、泰国。

角蟾科 Megophryidae，拟角蟾属 *Ophryophryne*
中国红色名录：易危（VU）
全球红色名录：无危（LC）

宾川角蟾
Megophrys binchuanensis

雄蟾体长32～34 mm，雌蟾体长40～43 mm。头长宽几乎相等，吻盾状，显著突出于下唇，吻棱明显，颊部垂直，略向内斜，鼓膜纵椭圆形，上眼睑光滑，外缘无长疣；体背面皮肤光滑，背中部和背侧有痣粒组成的不明显的肤棱，体侧和体后端有分散的圆疣；后肢短，趾侧缘膜宽，趾间具蹼迹，四肢背面疣粒少或有不清晰的肤棱；腹面皮肤光滑，胸侧小白腺明显，股后腺突出。体背黑灰或栗棕色，眼间三角形灰色斑隐约可见；腿前和胫前部棕红色；咽、胸部棕色，腹后部色略浅，四肢腹面棕色或密布棕色斑点。

栖于海拔1900～2800 m山区山溪，环境植物丰茂，溪边倒木杂草多。成体常见于溪流岸边倒木旁或草丛中，繁殖期5—6月。

中国特有种，分布于云南。

角蟾科 Megophryidae，角蟾属 *Megophrys*
中国红色名录：易危（VU）
全球红色名录：易危（VU）

淡肩角蟾
Megophrys boettgeri

体形小,雄蟾体长35～38 mm,雌蟾体长40～47 mm。头扁平,头长宽几相等,吻部盾形,显著突出于下唇,瞳孔纵置,鼓膜大而明显;背面皮肤光滑,有痣粒组成的细肤棱,体侧有大疣;后肢长,趾端圆,趾侧微具缘膜,基部有蹼迹;腹面皮肤光滑,腹侧有疣粒。体背棕黄色或黑褐色,两眼间黑褐色宽带一直延伸到背部,在肩上方形成半圆形浅黄色斑或略带绿色,体背和四肢背面有不规则褐色斑;咽、胸部和四肢腹面浅棕色,腹灰白色,有灰褐色斑块。雄性第1指婚刺细密,第2指刺少。

生活在海拔330～1600 m山区常绿阔叶林区溪流附近。成体白天多栖于溪边杂草丛中,夜间常到灌木叶上、枯竹竿或沟边石上捕食昆虫等小动物。繁殖期6—8月,蝌蚪多栖于溪边缓流处石下或碎石间。

中国特有种,分布于广西、浙江、江西、安徽、湖南、福建、广东。

角蟾科 Megophryidae,角蟾属 *Megophrys*
中国红色名录:无危(LC)
全球红色名录:无危(LC)

大围角蟾
Megophrys daweimontis

雄蟾体长34～37 mm，雌蟾体长40～46 mm。头扁平，头宽略大于长，吻很短，突出于下唇，眼眶之间凹入，鼓膜圆形清晰，有颞褶；臂长而细，内掌突很大，外掌突很小，后肢长，趾纤细，趾端膨大，趾侧无缘膜，趾间无蹼。背面皮肤光滑，橄榄褐色，两眼间有一个三角形斑，其后肩上方具有"V"形斑，上眼睑外缘具一个很小的疣，背侧有细肤褶，体侧具小疣，股部背面有横纹；腹面皮肤光滑，后肢内侧腹面及掌、跖突浅红色。

生活于海拔1900 m山地林区，见于小山溪内的植物叶片上或草上。

中国特有种，分布于云南。

角蟾科 Megophryidae，角蟾属 *Megophrys*
中国红色名录：易危（VU）
全球红色名录：数据缺乏（DD）

景东角蟾
Megophrys jingdongensis

雄蟾体长53～57 mm，雌蟾体长约64 mm。头顶平坦，头宽略大于头长，吻盾形，吻端显然突出于下唇缘，吻棱极显，颊部垂直，颞褶显著，鼓膜长椭圆形，斜置；前肢较长，内掌突大而圆，外掌突略显，后肢较细长，趾间蹼发达，半蹼，趾侧缘膜显著。皮肤较光滑，体色变异大，多为橄榄褐色、棕黄色，两眼间有镶浅色边的褐色三角形斑，上下唇有深色斑；股、胫部各有细横纹3～4条；咽喉部有褐黑色斑，腹两侧有深褐色斑。

栖于海拔1150～2400 m亚热带常绿阔叶林带山溪内或溪边树根下，所在环境林木繁茂，山溪清澈，水流较缓而浅。成蟾白天常栖于溪流内或溪边土穴内，繁殖期6月。

我国分布于云南、广西，国外分布于越南。

角蟾科 Megophryidae，角蟾属 *Megophrys*
中国红色名录：近危（NT）
全球红色名录：无危（LC）

荔波角蟾
Megophrys liboensis

体细长，雄蟾体长61～68 mm，雌蟾体长61～71 mm。头长略小于头宽，吻钝尖，突出于下唇，颊部垂直略向外倾斜，眼大且凸出，虹膜棕色，上眼睑角状突起显著，两眼之间有一镶红色细边的倒三角形深色斑，鼓膜明显，椭圆形，上、下唇缘有数条深色纵纹；皮肤较光滑，体背一般红棕色，有褐色斑纹，背部及体侧有分散细小圆疣，背部可见"X"形细肤棱；有趾侧缘膜，指间无蹼，趾间有蹼迹；喉、胸部皮肤深红色，有深色不规则斑点，腹后部皮肤浅灰色，腹外侧黑色条纹清晰。

发现于海拔634 m喀斯特地貌洞穴中，周围环境为常绿阔叶林或落叶阔叶林，可见于洞穴内水塘旁的石头上。

中国特有种，分布于贵州。

角蟾科 Megophryidae，**角蟾属** *Megophrys*
中国红色名录：数据缺乏（DD）
全球红色名录：数据缺乏（DD）

小角蟾
Megophrys minor

体形小，雄蟾体长25～31 mm，雌蟾体长36～50 mm。头扁平，长宽几乎相等，吻部盾形，显著突出于下唇，颊部垂直，向内凹陷，鼓膜大而圆。通身及四肢背面为浅棕色、红棕色、棕黄色或橄榄黄色，背部皮肤上有小疣粒而略显粗糙，体侧有许多小疣；四肢背面有棕色横纹3～4条；胯部和股外侧一般暗红色，胸部有大小不等的棕黑色圆斑，腹面皮肤光滑。雄蟾第1、2指均有细密黑色婚刺。

栖息于海拔550～2800 m中低山阔叶林下的小山溪旁，尤其喜在有岩石、灌丛、茂密草丛的潮湿环境中。

我国分布于四川。

角蟾科 Megophryidae，角蟾属 *Megophrys*
中国红色名录：无危（LC）
全球红色名录：无危（LC）

峨眉角蟾
Megophrys omeimontis

体形中等，雄蟾体长约57 mm，雌蟾体长约71 mm。头扁平，头宽略大于头长，吻部盾形，显著突出于下唇，瞳孔纵置，鼓膜卵圆形，两眼间三角斑和其后的"V"形斑上有清晰的细肤棱，上眼睑外缘近中部有小突起；背面皮肤较光滑，颜色变异较大，多为棕褐色或暗橄榄色，有细肤棱和细疣粒，背两侧各有一条纵肤棱；后肢较长，趾侧缘膜窄，基部相连成蹼迹；体腹面皮肤光滑，胸、腹、股腹面红棕色，色斑不规则，两侧有棕黑斑。雄蟾第1、2指婚垫上有细而密集的黑刺。

生活于海拔700～1500 m亚热带山区密林中的山溪及其附近。白天多隐蔽在溪流边石块下，夜间常蹲于溪边石头、草丛或落叶间，以昆虫和蜘蛛等小动物为食。繁殖期4—5月，蝌蚪多在溪边碎石间活动。

中国特有种，分布于四川。

角蟾科 Megophryidae，**角蟾属** *Megophrys*
中国红色名录：易危（VU）
全球红色名录：无危（LC）

粗皮角蟾
Megophrys palpebralespinosa

雄蟾体长36～38 mm，雌蟾体长约37 mm；皮肤极粗糙，布有长短不一的肤棱。头背有疣粒，上眼睑有多个疣突，其中一个甚长；体侧肤棱粗而大；四肢具肤棱和疣粒，肤棱为横列；胸侧腺体存在，腹面光滑，股部有小疣，外侧有浅色腺体。

生活在海拔900～1800 m常绿阔叶林中的山溪旁，水流平缓，一般多在溪流源头处水边。

我国分布于云南、广西，国外分布于越南、老挝。

角蟾科 Megophryidae，角蟾属 *Megophrys*
中国红色名录：易危（VU）
全球红色名录：无危（LC）

水城角蟾
Megophrys shuichengensis

大型角蟾，雄蟾体长约108 mm，雌蟾体长约118 mm。头顶微凹，吻端盾形，显著突出于下颌，吻棱明显，颊部几乎垂直，上眼睑外侧中央有一大的三角形肤突，两眼间和体背面的肤棱部位颜色较深，颞褶前段平直，鼓膜显露；背部棕褐色，具小疣粒，体侧疣粒大而疏；前肢内掌突较发达，无外掌突，后肢较短，趾侧缘膜发达，趾间近半蹼。体腹面色浅，肛周疣粒密集。雄蟾指上无婚刺，无声囊。

生活于海拔1800～1870 m亚热带常绿阔叶林中平缓溪流，溪流水质清凉，两岸灌木丛、杂草茂密，溪流中石块多。4—7月在水源附近活动，以腹足类、昆虫、蚯蚓为食。

中国特有种，分布于贵州。

角蟾科 Megophryidae，角蟾属 *Megophrys*
中国保护等级：Ⅱ级
中国红色名录：易危（VU）
全球红色名录：数据缺乏（DD）

棘指角蟾
Megophrys spinata

体粗壮，雄蟾体长54～58 mm，雌蟾体长55～70 mm。头扁平，吻棱明显，吻端部棕色，颞褶下方全部为棕黑色，两眼间三角形斑可见，眼下方至颌缘有棕黑色斑块，下颌缘有棕黑色小斑块；体背浅棕色，或棕黑色；咽部有3条棕黑色纵纹，腹面淡红色或橘黄色。雄蟾背部及头侧满布角质颗粒，四肢背面颗粒少，体侧有小疣；第1、2指上有大而分散的锥状黑刺，趾侧缘膜及趾蹼均发达。

栖息在海拔800～1800 m山区常绿阔叶林山溪旁，白天隐藏在岸边草灌丛、石块下或岩洞、土洞中。繁殖期6月，夜晚可见成体在溪流浅水处。

中国特有种，分布于四川、重庆、贵州、云南、广西、湖南。

角蟾科 Megophryidae，角蟾属 *Megophrys*
中国红色名录：无危（LC）
全球红色名录：无危（LC）

无量山角蟾
Megophrys wuliangshanensis

体形小，雄蟾体长约30 mm，雌蟾体长约41 mm。头长宽几乎相等，吻盾形，显著突出于下唇，吻棱很明显，颊部垂直，略向内陷，鼓膜近圆形，瞳孔纵置；体背面密布痣粒，两侧从肩部至胯部各有一条纵行肤棱，体侧疣粒大；前肢较粗壮，后肢趾侧无缘膜，趾间无蹼，四肢背面圆疣分散或成为横行；腹面皮肤光滑，雄蟾肛孔下方刺疣少，胸疣小而明显。体背面红棕色，两眼间有深酱色三角形斑，咽、胸部褐绿色；体侧疣粒黄色或少数为黑色；四肢背面略显深色横纹；后腹部灰白色，胯部棕红色，腹部及腿腹面有黑褐色圆斑。

生活于海拔2000～2400 m山区常绿阔叶林内的小溪附近。成体夜间活动，多见于溪流两旁落叶间或溪边岩石上。繁殖期5—6月。

中国特有种，分布于云南。

角蟾科 Megophryidae，角蟾属 *Megophrys*
中国红色名录：易危（VU）
全球红色名录：数据缺乏（DD）

165

腺角蟾
Megophrys glandulosa

雄蟾体长76～81 mm，雌蟾体长77～100 mm。头扁平，头宽略大于头长，吻端盾形，显著突出于下唇，吻棱明显，颊部几乎垂直略向内斜，鼓膜显著卵圆形，颞褶后部膨大呈豆状腺。背面皮肤光滑，两肩间有"V"形细肤棱，体背侧各有一条纵行肤棱，体侧疣粒大而多；后肢有3～4条棕褐色横纹，趾侧缘膜甚宽；腹后部和大腿腹面黄白色，满布深色斑块。

栖息于海拔1900～2100 m针阔叶混交林山区溪流及其附近，溪水清凉、平缓，石块多，成蟾多见于溪流两岸灌木或草丛内。繁殖期3—4月。

我国分布于云南，国外分布于缅甸。

角蟾科 Megophryidae，角蟾属 *Megophrys*
中国红色名录：无危（LC）
全球红色名录：无危（LC）

大角蟾
Megophrys major

雄蟾体长约66 mm，雌蟾体长80～83 mm。头扁平，吻端盾形，显著突出于下唇，吻棱显著，颊部几乎垂直而略向内斜，鼓膜椭圆形；前肢粗短，后肢有褐色横纹，趾侧缘膜清晰，趾间具微蹼。头体背面光滑，多为棕色、灰棕色或红棕色，两眼间有一个黑棕色三角斑，上唇缘由鼻孔后或眼下方有一条浅色纹直达口角，头侧由吻端至肩部有一显著黑纹，体侧有褐棕色细线纹；咽、胸部灰褐色，两侧各有一条弧形黄白色线纹，腹两侧有深棕色花纹，腹部和股部腹面多为浅棕色。

生活在海拔500～1300 m常绿阔叶林带的山溪及其附近。成蟾常蹲于山溪旁的石块或枯叶堆上，跳跃力很强。捕食昆虫及其幼虫。

我国分布于云南、广西，国外分布于印度、缅甸、老挝、泰国、越南。

角蟾科 Megophryidae，**角蟾属** *Megophrys*
中国红色名录： 近危（NT）
全球红色名录： 无危（LC）

墨脱角蟾
Megophrys medogensis

雄蟾体长57～68 mm。头顶平坦，吻盾状，突出于下唇缘，吻棱呈棱角状，颞褶显著，鼓膜呈长椭圆形，斜置，距眼远，上眼睑外缘肤褶呈帘状；前肢长，指细长，指间无蹼或有蹼迹，第1、2指无关节下瘤，后肢细长，趾间无蹼，趾侧无缘膜；皮肤较光滑，背部和四肢背面有细肤棱与细疣粒，体背后部和体侧有圆形疣粒。体背面颜色多为灰褐色，两眼间深色三角斑镶有浅色边，体背部有深棕色线纹；股、胫部各有3～4条细横纹；咽、胸部紫褐色，体腹部和股部腹面肉红色，略显深色云斑。

栖息于海拔850～1350 m热带雨林区，成体活动于山涧、小溪、小瀑布或湖边，岸边植被茂盛，常见于石缝内、岩壁上或大型的叶片上，行动敏捷，受惊扰即跳入水中。繁殖期7—8月，夜间发出响亮而清脆的叫声。

中国特有种，分布于西藏。

角蟾科 Megophryidae，角蟾属 *Megophrys*
中国红色名录：濒危（EN）
全球红色名录：濒危（EN）

凸肛角蟾
Megophrys pachyproctus

雄蟾体长35～36 mm，雌蟾体长约36 mm。头扁平，头长与头宽近乎相等，吻盾状，明显突出于下唇缘，吻棱极显著，瞳孔纵置，两眼间有深色三角形斑，鼓膜卵圆形，有犁骨棱；前肢细长，后肢较长，趾细长，趾端圆形，趾间无蹼，四肢有深色横纹。皮肤较粗糙，体背面棕黄色，背部和四肢背面有排列成行与分散的小痣粒，枕后中央痣粒排列成"X"形，颞褶呈钝角状；肛部附近为灰褐色。雄蟾体末端略隆起向后呈弧状突起，并因此而得名"凸肛角蟾"。

栖息于海拔约1530 m山林间小溪流或沟旁潮湿地带，周围植物比较茂盛，成体常隐于草丛中，在傍晚或夜间发出鸣叫。

我国分布于西藏，国外分布于印度。

角蟾科 Megophryidae，角蟾属 *Megophrys*
中国红色名录：数据缺乏（DD）
全球红色名录：数据缺乏（DD）

凹顶角蟾
Megophrys parva

　　体中等大小，雄蟾体长约43 mm，雌蟾体长约45 mm。头宽略大于头长，头部背面显著下凹，吻端圆，盾状，显著突出于下唇，吻棱极显著，吻眼间有一条棕黑色短纹，颞褶下缘为棕黑色细纹，上眼睑外缘有帘状肤褶，后部有一个小的肉质锥状突；体背棕灰色，皮肤光滑，通身背面及四肢背面角质颗粒成行，体侧有圆疣；四肢背面有棕黑色斜纹；腹面平滑，咽、胸部密布棕色细点，肛两侧及股外侧有棕黑色纹。

　　生活在海拔600～1000 m热带雨林的小型山溪及附近。成蟾繁殖期夜间见于溪边落叶间、灌丛下或岩石上，白天极难寻其踪迹。

　　我国分布于云南西部，国外分布于缅甸。

角蟾科 Megophryidae，**角蟾属** *Megophrys*
中国红色名录： 易危（VU）
全球红色名录： 无危（LC）

张氏角蟾
Megophrys zhangi

体小，雄蟾体长约35 mm。头顶扁平，头长宽近相等，吻端盾状，显著突出于下唇，鼓膜近圆形，犁骨棱明显，后端膨大并有细齿；皮肤较光滑，背部有对称排列的肤棱和散布的小疣粒，肤棱由细小的痣粒构成；后肢较长，胫跗关节前达眼部，指和趾端圆，趾间几乎无蹼，趾侧有缘膜，四肢背面具斜行细肤棱。体背黄褐色，两眼间有镶浅色细边的三角形深色斑，背正中有一个大的"X"形斑，体侧各有一个深色纵纹。雄性第1、2指有细小的婚刺，肛部无弧状突起。

栖息于海拔700～1000 m林区溪流旁。

中国特有种，分布于西藏。

角蟾科 Megophryidae，角蟾属 *Megophrys*
中国红色名录：易危（VU）
全球红色名录：近危（NT）

川北齿蟾
Oreolalax chuanbeiensis

　　雄蟾体长48～56 mm，雌蟾体长56～59 mm。头较扁平，吻端钝圆，瞳孔纵置，眼间无三角斑，鼓膜隐蔽。体背皮肤较粗糙，满布圆形刺疣，棕黄色或灰黄色，散有黑色圆斑；四肢背面有4～6条横纹；腹侧及四肢腹面有稀疏麻斑。

　　生活在海拔2000～2200 m的山林区溪流及其附近。成蟾非繁殖期营陆栖生活，白天隐蔽在潮湿土穴或石缝中，夜间外出活动。5—6月进入繁殖期。蝌蚪分散栖于溪边石缝内，白天活跃，晚上多伏于水中石块上。

　　中国特有种，分布于四川、甘肃。

角蟾科 Megophryidae，齿蟾属 *Oreolalax*
中国红色名录：濒危（EN）
全球红色名录：濒危（EN）

棘疣齿蟾
Oreolalax granulosus

雄蟾体长49～61 mm，雌蟾体长57～60 mm。吻圆，颞褶较宽厚，无鼓膜；体背面皮肤粗糙，满布大小刺疣，头背面和肩部疣较小而稀疏，其上刺较少，体后部疣圆较大而密，上面多有大小黑刺；四肢背面有刺疣；腹面光滑，腋腺圆、色浅，股后腺小或不明显。体背面黄褐色，刺疣部位颜色较深，少数个体背面色浅者眼间及肩上方略显褐色斑纹；四肢背面隐约有横纹3~4条或不显；腹面黄白色，无斑或有浅灰色细斑。雄性上、下唇缘均有黑刺，胸部有一对大刺团，略呈椭圆形，刺细小密集。

生活于海拔2300～2450 m山区茂密森林，栖于水流较为平缓的溪流内及附近林中，环境为常绿阔叶林，林间阴暗潮湿、腐叶甚多，溪流水质清澈见底。繁殖期1—3月，在溪内交配产卵。

中国特有种，分布于云南。

角蟾科 Megophryidae，齿蟾属 *Oreolalax*
中国红色名录： 易危（VU）
全球红色名录： 近危（NT）

景东齿蟾
Oreolalax jingdongensis

体形中等，雄蟾体长49～60 mm，雌蟾体长49～57 mm。头体较扁平，头宽略大于头长，吻端圆，吻棱显著，眼球呈蓝色或蓝黑色，上颌有许多小黑斑；头、体背面皮肤粗糙，布满疣粒，显土黑色，有许多黑色斑点，有的个体黑色点排成纵行，体侧极少；前肢疣粒小而少，疣粒端部有浅色角质颗粒，前臂内侧及胸侧的前肢基部有灰白色分散疣粒，股外侧正中近腹面处有一个米黄色腺体；腹面皮肤光滑，体和四肢腹面为浅棕白色，有灰色斑点。

生活在海拔1800～2450 m常绿阔叶林下山溪中，水流平缓，溪中多石块。非繁殖期成体营陆栖生活，繁殖期2—3月，成蟾常群集于溪内石下交配产卵。

我国分布于云南，国外分布于缅甸。

角蟾科 Megophryidae，齿蟾属 *Oreolalax*
中国红色名录：易危（VU）
全球红色名录：易危（VU）

凉北齿蟾
Oreolalax liangbeiensis

　　雄蟾体长47～56 mm，雌蟾体长56～66 mm。头扁平，头宽略大于头长，吻端钝圆，瞳孔纵置，鼓膜隐蔽，眼间无三角斑；体背棕褐色、深黄色或略带棕色，满布大小圆形刺疣，疣粒部位有黑斑点；四肢背面各有3～5条黑横纹，后肢较短，有股后腺，趾侧缘膜甚宽；整个腹面乳白或灰黄色，无任何斑纹。雄性前肢上臂背面有刺，第1、2指婚刺细密，胸部刺团一对，较大，刺细密。

　　生活在海拔2850～3000 m高山针阔叶混交林带，地面杂草丛生，环境阴湿。非繁殖期营陆栖生活，分散于林间。5月成蟾入溪流繁殖，白天多隐蔽在溪边石块下，受惊扰后迅速游向深水石间。蝌蚪栖于大溪缓流处石缝内。

　　中国特有种，分布于四川。

角蟾科 Megophryidae，齿蟾属 *Oreolalax*
中国保护等级：Ⅱ级
中国红色名录：极危（CR）
全球红色名录：极危（CR）

南江齿蟾
Oreolalax nanjiangensis

雄蟾体长53～60 mm，雌蟾体长53～58 mm。头略扁平，吻端圆，瞳孔纵置，鼓膜隐蔽，上颌齿发达，上下唇缘有深浅横斑纹，有的不清晰；背面皮肤粗糙，黄褐色，背部、体侧及后肢背面具大小一致的疣粒，疣粒部位有均匀的黑褐色圆斑，颞褶细弱；后肢长，有股后腺；腹面光滑，腋腺大，乌黄色或乌灰色，有的腹后部色较深，除下颌缘有灰褐色斑外，胸、腹部及四肢腹面均无深色斑。雄性第1、2指有粗大婚刺，胸部有刺团一对，刺粒粗大，无声囊。

生活在海拔1600～1856 m山区较平缓的溪流内，周边为森林包围。成蟾白天多栖于溪内沙滩或浅水滩的石下，多数黄昏后在岸边觅食小型动物。蝌蚪栖息于溪流水凼边石下或深水处石间。

中国特有种，分布于四川、陕西、甘肃。

角蟾科 Megophryidae，齿蟾属 *Oreolalax*
中国红色名录：近危（NT）
全球红色名录：易危（VU）

峨眉齿蟾
Oreolalax omeimontis

　　雄蟾体长50～58 mm，雌蟾体长51～56 mm。头部扁平，头宽略大于头长，吻端圆，瞳孔纵置，鼓膜隐蔽或隐约可见，上颌齿发达；体背部有分散的圆形或长形刺疣；后肢较长，有股后腺，胫跗关节前伸达眼，趾端圆。体背棕灰色或棕褐色，眼间有褐黑色三角斑，体背及体侧有褐黑色斑；四肢具褐黑色细横纹；腹面肉黄色，头腹面咽喉部有浅褐色网状碎斑，股部腹面远端及胫跗部腹面褐色斑明显。雄性前臂内侧有刺团，第1、2指婚刺粗大而稀疏，胸部刺团一对，较小，刺细密；有咽侧下内声囊。

　　生活在海拔1050～1800 m亚热带山区森林溪流及其附近。非繁殖期成蟾营陆栖生活，栖息于阴暗潮湿的林下，白天见于溪内石下，夜晚蹲在溪边石下觅食，很难发现，6月为繁殖期，在溪内产卵。蝌蚪夏季活动敏捷，散栖在深水石隙中，以苔藓、腐殖质为食。

　　中国特有种，分布于四川。

角蟾科 Megophryidae，**齿蟾属** *Oreolalax*
中国红色名录：易危（VU）
全球红色名录：濒危（EN）

秉志齿蟾
Oreolalax pingii

体形短粗，雄蟾体长43～51 mm，雌蟾体长47～54 mm。头较扁平，头宽略大于头长，吻端钝圆，瞳孔纵置，鼓膜隐蔽，上颌齿发达；体背皮肤松厚平滑，疣小，后背至肛上方正中线有一条纵行肤沟；胸、腹部肉色或灰白色，腹面皮肤较光滑。雄蟾头部小，黑刺多，第1、2指婚刺细密，胸部刺团一对，较小，刺细密；雌体体背及体侧皮肤满布刺疣，尤以体侧刺大而多。

生活在海拔2700～3300 m高山森林、灌丛、草地的溪流及其附近。成蟾营陆栖生活；繁殖期5—6月，成体聚集于山溪近源头处的浅滩。蝌蚪栖于小山溪水凼内石下或大山溪的洄水凼内石间。

中国特有种，分布于四川。

角蟾科 Megophryidae，齿蟾属 Oreolalax
中国红色名录：易危（VU）
全球红色名录：濒危（EN）

宝兴齿蟾
Oreolalax popei

雄蟾体长60~69 mm，雌蟾体长52~67 mm。头部扁平，头长宽几相等，吻端圆，瞳孔纵置，鼓膜隐蔽，上颌齿发达；头部及四肢背面疣小，体背及体侧疣粒大；后肢细长，有股后腺。体背面褐黄或绿黄色，疣粒部位有黑圆斑，眼间无三角形斑；腹面肉红色满布灰褐色小花斑。雄性第1、2指婚刺和胸部刺团的刺粗大而稀疏。

生活在海拔900~2000 m植被丰富的山溪及其附近。成蟾5—6月行动迟缓，白天难以寻找，夜间多蹲在溪边水中只露出头部。4月下旬是繁殖高峰期。蝌蚪多集中在急溪流水的洄水函内，栖于水底，受惊扰后急速潜入石隙中。

中国特有种，分布于四川、甘肃。

角蟾科 Megophryidae，齿蟾属 *Oreolalax*
中国红色名录：易危（VU）
全球红色名录：无危（LC）

普雄齿蟾
Oreolalax puxiongensis

雄蟾体长41～45 mm，雌蟾体长43～50 mm。头扁平，吻端钝圆，头宽大于头长，瞳孔纵置，鼓膜隐蔽，上颌齿发达；头体及四肢背面皮肤极粗糙，刺疣密集形成长短刺棱或排成纵行，背面暗灰棕色，刺棱黑色，眼间有黑棕色三角斑；腹面灰黄色。雄性背部刺棱甚多，前臂远端、腕掌内侧及第1、2指婚刺较粗，胸部刺团一对，较小，刺细密。

生活在海拔2600～2900 m森林或灌丛区溪流两侧的沼泽或小支流及附近。非繁殖期成蟾分散栖于林间阴湿环境中，捕食膜翅目、鞘翅目昆虫及其他小动物等。成蟾6月中、下旬集群在小溪内繁殖。在倒木下曾发现越冬巢穴，内有多达40只集群冬眠。蝌蚪生活在大小溪流边石下。

中国特有种，分布于四川。

角蟾科 Megophryidae，齿蟾属 *Oreolalax*
中国红色名录：濒危（EN）
全球红色名录：濒危（EN）

红点齿蟾
Oreolalax rhodostigmatus

雄蟾体长58～74 mm，雌蟾体长67～71 mm。头大而扁，长宽几相等，吻端钝圆，瞳孔纵置，鼓膜较明显，上颌齿发达。体背面满布小刺疣，体侧有10～30多个圆形疣；四肢背面小疣略呈纵行排列，后肢较长，指、趾端圆，趾间具微蹼。体背面深紫黑色或深紫褐色，腋腺和体侧疣粒、股后腺和股后部疣粒均为橘红色；体腹面浅灰棕色，咽、胸部及四肢腹面具紫灰色或深灰色麻斑，腹部无斑或斑纹不显。雄性第1、2指婚刺较粗大，胸部刺团一对，刺较细密。

生活在海拔1000～1790 m山区石灰岩溶洞内或其附近，成蟾多生活在有泉水或阴河的山洞内，常栖息在距洞口50～100 m处黑暗的流水岸边岩石上，行动十分缓慢。无色透明的蝌蚪见于距洞口1～3 km的溶洞深处泉水凼内，见光后缓慢游向深潭岩缝中。

中国特有种，分布于四川、重庆、贵州、湖南、湖北。

角蟾科 Megophryidae，齿蟾属 *Oreolalax*
中国红色名录：易危（VU）
全球红色名录：易危（VU）

疣刺齿蟾
Oreolalax rugosus

体形中等，雌、雄蟾体长均约50 mm。头顶疣粒较少，上唇缘有不规则浅色纹，吻端浅色纹较颌部其他色纹略宽；背面皮肤粗糙，浅灰棕色，有不规则的黑色点，布满圆形或长形疣粒，疣顶部多有黑色角质颗粒；四肢背面有疣粒，横纹不显，指端较指背面色浅；腹面皮肤光滑，腋部有腋腺，浅黄色，稍隆起，腹面和四肢腹面细点与短纹彼此连接或分开，四肢股外侧中部近腹面处有一颗腺质疣粒。

生活在横断山脉海拔2100～3300 m山区森林或草地的山溪及其附近，环境郁闭，溪中石块多，水流较平缓，水质清澈。成蟾营陆栖生活，捕食多种昆虫等；繁殖期4—5月，成蟾在溪流旁土洞或溪内石块下交配产卵。

中国特有种，分布于四川、云南。

角蟾科 Megophryidae，齿蟾属 Oreolalax
中国红色名录：近危（NT）
全球红色名录：无危（LC）

乡城齿蟾
Oreolalax xiangchengensis

雄蟾体长45～51 mm，雌蟾体长54～61 mm。体略扁平，头宽略大于头长，吻端圆，瞳孔纵置，无鼓膜，上颌齿较发达；体背满布细小刺疣；后肢较短，股后腺小或不显，胫跗关节前伸达口角，左右根部相遇，趾间多为全蹼。体和四肢背面橄榄棕、棕褐或深棕色，无深色花斑，雌性在疣粒部位有或略显褐黑色斑；腹面黄色。雄性第1、2指背面婚刺细密，胸部刺团一对甚大，刺细密。

生活于海拔2140～3550 m中、高山区温带森林区的中型山溪边、泉水石滩及附近。成蟾白天隐藏在溪边大石下或石缝中，夜晚蹲在水边石上或浅水中。繁殖期4—5月，蝌蚪多栖于溪边洄水凼内有水草的地方。

中国特有种，分布于四川、云南。

角蟾科 Megophryidae，齿蟾属 *Oreolalax*
中国红色名录：无危（LC）
全球红色名录：无危（LC）

阿东齿突蟾（中国新记录）
Scutiger adungensis

　　体较肥硕，中等大小。颊面色浅，且沿着吻棱下方延至吻端；体背及体侧为橄榄绿色，体背倒"山"字形斑纹不明显；指、趾端部色较深；咽、胸部为肉色；腹面皮肤光滑；股外侧有米黄色小颗粒。
　　生活于海拔约3200 m山区河谷或泉水形成的沼泽中。
　　我国分布于西藏察隅，国外分布于缅甸东北部。

角蟾科 Megophryidae，齿突蟾属 *Scutiger*
全球红色名录：数据缺乏（DD）

邦达齿突蟾 新种
Scutiger bangdaensis sp. nov.

体形中等，体长雄蟾45～50 mm，雌蟾48～50 mm。头长几等于头宽，吻端圆，无鼓膜；体和四肢背面满布大疣粒；后肢短，无股后腺，胫跗关节前伸达肩部，指、趾端圆，趾侧缘膜宽，第4趾具1/2蹼；咽、胸部及四肢腹面光滑。体背面灰褐、灰橄榄色，两眼间有褐色三角斑或不显；腹面浅米黄或肉色。雄性内侧3指婚刺细密，胸部有刺团2对，内侧的较大，刺细密，腹部疣粒多。

生活在海拔约4600 m高原草地间平缓溪流环境，成蟾以陆栖为主，或隐蔽于溪流边缘水草之下。以鞘翅目、鳞翅目、双翅目等昆虫为食。繁殖期6—8月，繁殖期间进入溪内石块下，产卵于水体中上部。蝌蚪在溪流之缓流处近岸边石下较多，白天分散隐于石下。

中国特有种，分布于西藏。

角蟾科 Megophryidae，齿突蟾属 *Scutiger*

西藏齿突蟾
Scutiger boulengeri

雄蟾体长约53 mm，雌蟾体长约58 mm。头较扁平，头长略大于头宽，吻端圆，瞳孔纵置，无鼓膜，上颌无齿或有短小齿突。皮肤很粗糙，除头部背面外，体和四肢背面满布大小刺疣，肛部周围刺疣较多；咽、胸部及四肢腹面较光滑。后肢短，指、趾端圆，第4趾具半蹼。体背面颜色变异大，多为暗橄榄绿、灰褐、灰橄榄色，两眼间有褐色三角斑；腹面浅米黄或肉色。雄性内侧3指婚刺细密，胸部有刺团2对，刺细密，腹部疣粒多。

生活在海拔2200～5100 m高原小山溪、泉水石滩地或古冰川湖边。成蟾以陆栖为主，常见于草丛中；繁殖期间进入溪内，繁殖期6—8月。成蟾捕食鞘翅目、鳞翅目、双翅目等昆虫。蝌蚪在大小溪流之缓流处近岸边石下较多，白天分散隐于石下。

我国分布于西藏、四川、甘肃、青海，国外分布于尼泊尔。

角蟾科 Megophryidae，**齿突蟾属** *Scutiger*
中国红色名录：无危（LC）
全球红色名录：无危（LC）

金顶齿突蟾
Scutiger chintingensis

雄蟾体长42～50 mm，雌蟾体长48～53 mm。头扁平而窄长，长宽几乎相等，吻端钝圆，瞳孔纵置，无鼓膜，上颌齿较发达；后肢较短，指、趾端圆，第4趾具微蹼；体背面疣长而显著，肩上方或体背侧中部有一对长弧形的腺褶，体背后部有排列不规则的腺褶和小刺疣，胫部背面和跗部外缘具腺体；腹部光滑，四肢腹面有小疣及黑刺，有股后腺。体背面多为棕红色，杂以金黄色和橄榄棕色细点，两眼间有棕黑色三角斑；腹面有灰棕色细麻斑。雄性内侧3指婚刺细密，胸部有刺团2对，刺细密。

生活于海拔2700～3400 m高山区小溪及附近。成蟾营陆栖生活，5月底—6月为繁殖期，白天栖于岸上土穴、泥洞、植物根部等潮湿环境中；夜间外出发出"咯、咯"的鸣叫声，寻找配偶配对。

中国特有种，分布于四川。

角蟾科 Megophryidae，齿突蟾属 *Scutiger*
中国保护等级： Ⅱ级
中国红色名录： 濒危（EN）
全球红色名录： 易危（VU）

胸腺齿突蟾
Scutiger glandulatus

雄蟾体长58～78 mm，雌蟾体长63～74 mm。头扁平而窄长，头长宽几相等，吻端钝圆，瞳孔纵置，无鼓膜，上颌齿较发达；体背面肩上方或背侧中部有一对略呈弧形的长腺褶，背后部有排列不规则的长短腺褶和小刺疣；胫背面和跗部外缘具腺体，后肢较短，第4趾具微蹼；腹部光滑，四肢腹面有小疣及分散的黑刺。体背面颜色有变异，多为棕红色，杂以金黄和橄榄棕色细点，两眼间有深棕或棕黑色三角斑；腹面有灰棕色细麻斑。雄性内侧3指婚刺细密，前肢上臂和前臂内侧也有细刺团，胸部刺团2对，其上刺细密。

生活于海拔2200～4000 m中、高山顶部草甸的中、小山溪或泉水及附近，周围植被茂密，环境阴湿。成蟾营陆栖生活，白天隐藏在溪边石下或倒木下，夜间出外捕食昆虫等小动物，行动迟缓。繁殖期5—7月，雌雄蟾入溪交配产卵。

中国特有种，分布于四川、云南、甘肃。

角蟾科 Megophryidae，齿突蟾属 *Scutiger*
中国红色名录：无危（LC）
全球红色名录：无危（LC）

贡山齿突蟾
Scutiger gongshanensis

　　个体较小，雄蟾体长47～57 mm，雌蟾体长49～60 mm。通体背面青灰色，颞褶下半部黑色，自眼间至肛前有黑褐色纵宽带，两侧各有一条窄的黑褐色纵带，吻棱下方黑褐色纹前伸至吻端，但不相交；少数个体背面有密集的黑褐色斑；四肢背面黑斑不规则，指、趾末端浅棕色；腹面浅灰色，有深色云状斑。皮肤粗糙，散布有扁平而多小孔的腺质圆疣；臂外侧及胫、跗节腺疣发达，彼此连成片，隆起甚高，前肢腹面、指、股外侧及肛下方有浅色疣粒。雄蟾有一对咽侧下内声囊，声囊孔粗大，有雄性线。

　　栖息在海拔2500～3850 m冷杉林泉水涌出的小溪源头及其沼泽地中，地表植物为蕨类和菊类，每年有6～7个月被冰雪所覆盖，但泉水不结冰。每年6月开始活动，雄蟾静伏在蕨类植物下的泥窝里或倒伏的枯树下；7月中旬为繁殖期，卵产在溪内石块下。

　　中国特有种，分布于云南。

角蟾科 Megophryidae，齿突蟾属 *Scutiger*
中国红色名录：易危（VU）
全球红色名录：无危（LC）

九龙齿突蟾
Scutiger jiulongensis

体形肥硕，雄蟾体长67～82 mm。头较扁平，头宽大于头长，吻端圆，瞳孔纵置，无鼓膜，上颌无齿，无犁骨齿，下唇缘具黑刺；背面皮肤松厚，有大而扁平的圆疣，排列不规则；指、趾端和跖突黑棕色，后肢短，无股后腺，趾侧缘膜明显，趾间具微蹼或1/4蹼；腹面皮肤光滑或略显皱纹状。体背面颜色变异较大，一般为棕褐色或暗橄榄褐色，背部疣粒周围深褐色，形成圆形斑；腹面灰黄色，无斑。雄性第1、2指具锥状大黑刺，胸部有刺团2对。

生活于海拔3120～3750 m高山泉水溪沟岸边、沼泽、小水塘的石块下或泥窝内，行动迟缓。5—6月为繁殖盛期，卵产在水内石块下或水塘边苔藓或杂草根部。蝌蚪生活在泉水塘或溪边石下。

中国特有种，分布于四川。

角蟾科 Megophryidae，齿突蟾属 *Scutiger*
中国保护等级：Ⅱ级
中国红色名录：易危（VU）
全球红色名录：濒危（EN）

花齿突蟾
Scutiger maculatus

雄蟾体长约65 mm，雌蟾体长约69 mm。头部平扁，头宽略大于头长，吻端圆，吻棱不明显，颊部略向外侧倾斜，鼓膜不显，无上颌齿；体背前端及四肢背面疣小，呈凹凸不平状，体侧及背后端疣粒较大；后肢短，趾端钝圆，第4趾侧缘膜宽厚，蹼较发达；腹面皮肤光滑，胸侧有一对腋腺。体背部橄榄绿色，有不规则的深棕色花斑；腹面略带肉红色。雄蟾胸腺上黑刺细密，内侧3指有小婚刺，腹部无刺疣。

生活在海拔3300～3500 m高山小山溪岸边的石块下，周边为斑块状的高山草甸，在四川仅采到一只幼体雄蟾，在西藏江达采到一雄一雌，数量极为稀少。

中国特有种，分布于四川、西藏。

角蟾科 Megophryidae，齿突蟾属 *Scutiger*
中国红色名录：极危（CR）
全球红色名录：极危（CR）

刺胸齿突蟾
Scutiger mammatus

体肥硕,雄蟾体长61～85 mm,雌蟾体长63～81 mm。头体略扁平,头长略小于头宽;吻端圆,略突出下唇,瞳孔纵置,蓝黑色,虹彩金黄色有褐黑色细点,无鼓膜,颊面棕色,且沿着吻棱下方延至吻端;体背及体侧为橄榄绿色,体背有倒"山"字形斑纹;指、趾端部色浅,股外侧有米黄色小颗粒;咽、胸部为肉色,腹面皮肤光滑,蜡黄色。

生活在海拔2600～4200 m高原高寒山区河谷旁泉水出口形成的平缓山溪或沼泽中,环境多杂草、灌丛或疏林。终年不远离水域,白天在溪边石块下水岸交界处,夜间蹲在石块上。繁殖期6—8月,蝌蚪在溪边石下洄水凼内。

中国特有种,分布于四川、云南、西藏、青海。

角蟾科 Megophryidae,齿突蟾属 *Scutiger*
中国红色名录:无危(LC)
全球红色名录:无危(LC)

木里齿突蟾
Scutiger muliensis

体形肥硕，雄蟾体长68～80 mm，雌蟾体长60～68 mm。头较扁平，头宽大于头长，吻端圆，瞳孔纵置，无鼓膜；背部疣粒小或不显；后肢短，无股后腺，指、趾端圆，趾间蹼不发达；腹面有皱纹或光滑，变异个体整个背腹面都布满大小不等的扁平瘰疣。体背暗橄榄褐色，有深色斑，两眼间具酱黑色三角斑；腹部黄灰色，颜色比背面浅。雄性第1、2指婚刺大呈锥状，胸部刺团一对，刺粗大而稀疏。

生活在海拔3050～3400 m植被丰富的平缓山溪中及附近。成蟾白天栖于溪内或溪边石下或倒木下，夜间在水边缓慢爬行；5月中、下旬为繁殖盛期。蝌蚪多在溪边缓流处，栖于水底石下或在石隙间游动。

中国特有种，分布于四川。

角蟾科 Megophryidae，齿突蟾属 *Scutiger*
中国保护等级：Ⅱ级
中国红色名录：濒危（EN）
全球红色名录：濒危（EN）

林芝齿突蟾
Scutiger nyingchiensis

雄蟾体长51～64 mm，雌蟾体长46～69 mm，体形窄长。头较扁平，头宽略大于头长，吻端钝圆，吻棱明显，瞳孔纵置，无鼓膜；皮肤粗糙，头背部较光滑，扁平疣粒少而小，背侧疣粒零星连成短棒状；前肢粗壮而长，后肢短，趾宽扁，趾端球状，趾间蹼发达；腹面皮肤光滑。体背暗灰橄榄色或褐色，吻棱和颞褶下方以及两眼间三角形斑黑褐色，背侧圆疣色浅，腹部紫灰色或黄绿色。雄性疣粒较多，前臂粗壮，第1、2和3指有密集的黑色小婚刺，胸部刺团一对，表面密布黑色小刺。

成体栖息于海拔2700～3200 m山区植被丰富，林木茂盛，灌木和草丛杂生的溪流及附近。非繁殖期成蟾营陆栖生活；5月下旬—6月为繁殖期，成蟾集群在平缓溪流内石堆或倒木下交配产卵。蝌蚪多隐于溪边洄水凼石下。

我国分布于西藏，国外分布于尼泊尔。

角蟾科 Megophryidae，齿突蟾属 *Scutiger*
中国红色名录：近危（NT）
全球红色名录：无危（LC）

锡金齿突蟾
Scutiger sikimmensis

体形较小而扁，雄蟾体长47～55 mm，雌蟾体长54～61 mm。头宽大于头长，吻端圆，吻棱较显，颞褶厚，隆起似耳后腺；头背面皮肤较光滑，体背面皮肤较粗糙，有大小不等疣粒，顶端有大黑刺；前、后肢短，趾间无蹼；腹面皮肤光滑。体背面棕褐色或灰橄榄色，眼间具有三角形黑褐色斑纹，向后延伸至肩部或者与体背面疣粒周围的黑褐色斑相连；四肢背面黑褐色斑纹明显；腹面肉紫色，有浅褐色网状小斑。雄性背面较雌性粗糙，刺疣多，第1、2和3指有大而稀疏的黑色婚刺，胸腺和腋腺各一对，密布黑色小刺。

栖息于海拔2700～4500 m高山植被丰富的溪流及附近，周边环境林木茂盛，灌木和草丛杂生。非繁殖期成体营陆栖生活；5—6月为繁殖期，在溪流、泉水、石滩、沼泽地、石块或倒木下繁殖。蝌蚪多栖于溪流缓流处或洄水凼内。同域分布有墨脱棘蛙、西藏蟾蜍等。

我国分布于西藏，国外分布于印度、尼泊尔。

角蟾科 Megophryidae，齿突蟾属 *Scutiger*
中国红色名录：近危（NT）
全球红色名录：无危（LC）

刺疣齿突蟾
Scutiger spinosus

体形中等，雄蟾体长51～56 mm，雌蟾体长54～57 mm。头大而扁，头宽约等于头长，吻端圆，稍伸出下唇，无上颌齿；皮肤粗糙，体背和体侧布满大圆疣，体背后部和背侧较大而密集；四肢圆疣较背部的略扁而稀疏，前肢和股后方腹面具浅色疣粒，无股后腺，趾蹼具蹼迹；腹面较光滑。雄性体背圆疣锥状，疣上具锥状大黑刺，腹部无刺，无声囊，胸腺和腋腺各一对，均被黑刺，第1指和第2指背面、第3指内侧均具婚刺，无声囊。

栖息于海拔2700～4500 m平缓溪流附近和河边石下，所处环境植被丰富，林木茂盛，灌木和草丛杂生；繁殖期为6月底，雌雄蟾在溪流中或静水池塘中抱对产卵。同域分布有墨脱棘蛙、西藏蟾蜍等。

中国特有种，分布于西藏。

角蟾科 Megophryidae，齿突蟾属 *Scutiger*
中国红色名录：数据缺乏（DD）

圆疣齿突蟾
Scutiger tuberculatus

体形肥硕，雄蟾体长68～76 mm，雌蟾体长64～79 mm。头宽扁，头宽大于头长，吻端圆，瞳孔纵置，无鼓膜，上颌无齿；体背面高大圆疣多，排列不规则或略成6～8行；四肢背面疣较少而小，后肢短，无股后腺，指、趾端圆，跗部光滑，趾侧缘膜很窄，趾间具蹼迹；腹面光滑。体背面多为深绿灰色或棕黄色，两眼间有棕褐色三角斑；腹面紫灰肉色，后肢腹面肉色。雄性第1、2指婚刺大，呈锥状，胸部刺团2对，其上黑刺极细小而密集。

生活于海拔2600～3750 m林木繁茂的中、小型溪流或岸边，以及湖泊、沼泽、浅滩等。成蟾多栖于岸边石下或朽木下，捕食金龟子、椿象、蚜虫以及鳞翅目和双翅目等小型昆虫。5—7月为繁殖期。蝌蚪多生活在洄水凼内石间。

中国特有种，分布于四川、云南。

角蟾科 Megophryidae，齿突蟾属 *Scutiger*
中国红色名录：易危（VU）
全球红色名录：易危（VU）

吴氏齿突蟾
Scutiger wuguanfui

体形肥硕，雄蟾体长78～84 mm，雌蟾体长约117 mm。头较扁平，头宽大于头长，吻端圆，瞳孔纵置，无鼓膜和鼓环，上颌无齿，无犁骨齿；皮肤粗糙，体背瘰粒较体侧的扁平，瘰粒上有小刺；前臂指间无蹼，后肢短，趾侧有缘膜，趾基部具蹼迹；颌部和上胸部有许多黑刺，咽部、胸腹部和四肢腹面光滑。头、体和四肢背面深褐色，上下颌缘呈浅棕色；腹面灰褐色，颌部和四肢腹面深褐色。雄性有胸腺和腋腺各一对，其上小黑刺密集，第1、2指和第2指内侧婚刺大。

生活于海拔2700 m左右山区针阔叶混交林区水流平缓、水浅的山溪。成蟾白天栖息于溪流内的倒木、落叶下或草丛中，日落后外出活动。蝌蚪底栖。

中国特有种，分布于西藏。

角蟾科 Megophryidae，**齿突蟾属** *Scutiger*
中国红色名录： 数据缺乏（DD）
全球红色名录： 数据缺乏（DD）

碧罗齿突蟾 新种
Scutiger biluoensis sp. nov.

  雄蟾体长约75 mm，雌蟾约54 mm。头较高，略宽，吻端较尖，瞳孔纵置，无鼓膜，上颌齿较发达；体背面有密集排列的扁平大疣粒；胫背面和跗部外缘具腺体，后肢较短，第4趾具蹼；腹部光滑。体背面颜色变异多，棕色为主，杂以深色宽纵纹，两眼间深棕或棕黑色三角斑显著；腹面灰棕色。雄性内侧2指婚刺细密，前肢上臂和前臂内侧也有细刺团，胸部刺团2对，其上刺细密。

  生活于海拔3200~3600 m山溪或泉水及附近，周围有茂密植被，环境阴湿。成蟾白天隐藏在溪边石下或倒木下，夜间出外捕食昆虫。繁殖期5—7月。

  中国特有种，分布于云南西北部。

角蟾科 Megophryidae，齿突蟾属 *Scutiger*

梅里齿突蟾 新种
Scutiger meiliensis sp. nov.

雄蟾体长约70mm，雌蟾约65 mm。头长宽几相等，较宽厚，吻端钝圆，瞳孔纵置，无鼓膜，上颌齿较发达；体背面有排列较为规则的短腺褶和圆疣；胫背面和跗部外缘无腺体，后肢较短，第4趾微蹼；腹部光滑。体背面颜色多为黑棕色或棕色，疣粒色浅，成体两眼间深棕或棕黑色三角斑不明显；腹面灰棕色。雄性内侧2指婚刺细密，前肢上臂和前臂内侧无细刺团，胸部刺团2对，小且其上刺细密。

生活于海拔3500~4200 m高山、环境阴湿、植被茂密的溪流或泉水及周围，隐藏在溪边石下或倒木下，夜间捕食昆虫等。5—7月，雌雄蟾入溪交配产卵。

中国特有种，分布于云南西北部。

角蟾科 Megophryidae，齿突蟾属 *Scutiger*

哀牢蟾蜍
Bufo ailaoanus

体形小，雄蟾体长40 mm左右，雌蟾体长52～55 mm。头宽大于头长，头顶平坦，吻端钝圆形，向上唇前面倾斜，鼻孔高位，近吻端，无鼓膜，无耳柱骨；四肢较细弱，前臂指细长，指间无蹼，后肢短而细，趾端略扁平，无关节下瘤，无跗褶；腹面疣粒扁平，密集而均匀。皮肤粗糙，背面密布均匀小疣粒，其间散有小瘰疣；体背面黄棕色，少数个体具浅色脊线，颌缘有不明显暗色斑纹；腹面浅黄色，具暗色斑。

栖息于海拔2550～2600 m原始阔叶林或竹林下水流平缓、清澈的小溪流及其附近，常见于竹叶或树叶上；每年清明前后在溪内产卵。

中国特有种，分布于云南。

蟾蜍科 Bufonidae，蟾蜍属 *Bufo*
中国红色名录：无危（LC）
全球红色名录：濒危（EN）

隐耳蟾蜍
Bufo cryptotympanicus

雄蟾体长65~70 mm，雌蟾体长60~77 mm。头宽大于头长，吻短圆，吻棱明显，无鼓膜，无耳柱骨，耳后腺略扁平；头顶及上眼睑散有小疣粒，背面瘰疣稀疏而圆，黑色角质刺；前臂指端钝圆，指侧无缘膜，指间具微蹼，后肢短，趾端略圆，趾间蹼不发达；腹面满布小疣。背面灰褐或黄灰色，有一条细脊纹从体中部至肛前方，体侧各有一条黑褐色线纹；前臂、股、胫部有深色横纹；腹面灰白，咽喉部有少数黑点，胸、腹部及四肢腹面有黑色云斑。雄蟾皮肤松弛而光滑，瘰疣小而稀少，前臂略粗壮，内侧3指和内掌突上有黑色婚刺，无声囊，无雄性线。

栖息于海拔450~870 m山地林区，常见于路旁草丛间。

我国分布于广西、广东，国外分布于越南。

蟾蜍科 Bufonidae，蟾蜍属 *Bufo*
中国红色名录：近危（NT）
全球红色名录：无危（LC）

中华蟾蜍
Bufo gargarizans

体粗壮肥大，雄蟾体长62～106 mm，雌蟾体长70～121 mm；皮肤粗糙，全身满布大小不等的圆形瘰疣。头宽大，吻端圆，吻棱显著，眼大而突出，鼓膜近圆形，耳后腺大而长；四肢粗壮，前肢短、后肢长，趾端无蹼；体腹面深色斑纹很明显，腹后部有一个深色大斑块。在繁殖期，雄蟾蜍背面多为黑绿色，体侧有浅色斑纹，前肢内侧3指有黑色婚垫，无声囊；雌蟾背面斑纹较浅，瘰疣乳黄色，有棕色或黑色的细花斑。

生活于海拔4300 m以下的多种生态环境中，白天多栖居于草丛、石下或土洞等潮湿环境中，黄昏爬出捕食，以蜗牛、蛞蝓、蚂蚁、甲虫与蛾类等动物为食。在静水水域繁殖，产卵在静水塘浅水区，卵带缠绕在水草上。

广泛分布于我国东半部和西南地区，国外分布于俄罗斯、朝鲜、韩国、日本。

蟾蜍科 Bufonidae，蟾蜍属 *Bufo*
中国红色名录：无危（LC）
全球红色名录：无危（LC）

西藏蟾蜍
Bufo tibetanus

体较粗壮，雄蟾体长52～78 mm，雌蟾体长62～86 mm。头宽略大于头长；吻棱明显，有疣粒；吻端略呈钝圆形；鼓膜小，呈椭圆形。前肢粗壮，指略平扁，指间无蹼，指侧缘膜厚；后肢短，关节下瘤不清晰，趾侧缘膜显著，有跗褶。

生活于海拔3200～4300 m高原草地，白天在山边地内石下或土坑内，夜间外出觅食多种昆虫及其他小动物。4—6月繁殖，产卵在静水塘内，蝌蚪生活在静水塘，多底栖在水草间。

我国分布于四川、西藏、青海。

蟾蜍科 Bufonidae，蟾蜍属 *Bufo*
中国红色名录：无危（LC）
全球红色名录：无危（LC）

圆疣蟾蜍
Bufo tuberculatus

雄蟾体长61～76 mm，雌蟾体长58～89 mm。头部无骨质脊棱，吻端圆而高，吻棱略肿胀，鼓膜小而圆。皮肤粗糙，有稀疏瘰粒，头顶及上眼睑有小疣，均具黑刺，耳后腺大，呈长椭圆形；体侧及腹面满布小疣；胫部有大瘰疣，后肢短，无股后腺，趾侧缘膜显著，第4趾具半蹼。体背黄褐、灰褐或橄榄灰色，上有深褐色或黑色斑；腹面黄白或浅褐色，无斑点。雄性内侧3指有婚刺，无声囊。

生活在海拔2600～3200 m河谷地区池塘、沼泽及附近。白天隐匿在水沟或静水坑旁杂草丛中、石块下、土隙内及农作物丛下，黄昏后在农田、杂草地或路边活动。在池塘中繁殖，蝌蚪生活在水塘中，常集群在水草间或腐物周围。

中国特有种，分布于四川、西藏和云南。

蟾蜍科 Bufonidae，蟾蜍属 *Bufo*
中国红色名录：近危（NT）
全球红色名录：近危（NT）

云岭蟾蜍 新种
Bufo yunlingensis sp. nov.

雄蟾体长约67 mm，雌蟾体长约74 mm。头部无骨质脊棱，吻略短，吻棱不明显，鼓膜明显。皮肤较粗糙，有稀疏瘰粒，耳后腺长形；体侧满布大小不一的疣粒；胫部有大瘰疣，趾侧缘膜显著，第4趾具半蹼。体背黄褐、灰褐或橄榄灰色，上有深褐色斑；腹面黄白或浅褐色。雄性内侧3指有婚刺，无声囊。

生活在海拔2100～3200 m的河谷地区。白天隐藏于水沟或静水坑旁杂草丛中、石块下或土隙内，黄昏后多在开阔地或路边活动。蝌蚪生活在水塘中，常集群在水草间或腐物周围。

中国特有种，分布于云南。

蟾蜍科 Bufonidae，蟾蜍属 *Bufo*

无棘溪蟾
Torrentophryne aspinia

体形较大，雄蟾体长65～80 mm，雌蟾体长81～103 mm。耳后腺发达；眼下的上颌处有略呈方形的棕黑色斑块；通身布满疣粒，其顶部无刺粒或角质颗粒，通身背部灰棕色或浅棕色，有灰色纵线纹直达肛上方；四肢背面有宽的不甚规则的横纹，指侧无缘膜；腹面有不规则的大黑色斑，疣粒小而扁平，呈圆形。

生活在海拔1800～2200 m的山区溪流及其两旁，所在环境为针阔叶混交林地或多种农作物种植区。有集群繁殖行为，雄蟾有强烈的争雌现象，雌蟾在平缓的水流中产卵，卵和蝌蚪在溪水中发育生长，次年雨季前蝌蚪完成变态登陆上岸。

中国特有种，分布于云南。

蟾蜍科 Bufonidae，溪蟾属 *Torrentophryne*
中国保护等级：Ⅱ级
中国红色名录：易危（VU）
全球红色名录：濒危（EN）

缅甸溪蟾
Torrentophryne burmanus

雄蟾体长52～66 mm，雌蟾体长约83 mm。通身背、腹疣粒小而密，顶部均有一角质颗粒或棘；通身背面灰棕色，有一条清晰的自眼后至肛上方的浅色脊纹，头背和头侧有界线模糊的深色斑纹；前臂及肘关节有2道宽而整齐的深棕色斑纹，胫背有深棕色斑纹，指侧有缘膜，跗褶不显。通身腹面棕色，有不规则的云状黑棕色大斑，彼此相连。

生活在海拔1900～2500 m中山常绿阔叶林下的山溪急流及其附近，所在环境多为农田或阔叶林地。

我国分布于云南，国外分布于缅甸、越南。

蟾蜍科 Bufonidae，溪蟾属 *Torrentophryne*
中国红色名录：数据缺乏（DD）
全球红色名录：近危（NT）

疣棘溪蟾
Torrentophryne tuberospinia

雄蟾体长52～66 mm，雌蟾体长79～85 mm。通身被圆形和长椭圆形疣粒，疣粒顶部均有黑色或棕色角质刺，体侧疣粒略大，腹部的最小，通身体色浅棕或棕黑色，背脊有灰色或灰黄色脊纹；四肢背面有或不显横纹，前臂有3道横纹，指侧有缘膜，跗褶不显；腹面一般为灰棕色具有棕黑色斑纹。雄蟾内侧3指具婚垫。

生活在海拔1900～2500 m中山常绿阔叶林下的山溪急流及其附近，所在环境多为农田或阔叶林地。

中国特有种，分布于云南。

蟾蜍科 Bufonidae，溪蟾属 *Torrentophryne*
全球红色名录：极危（CR）

永德溪蟾 新种
Torrentophryne yongdensis sp. nov.

雄蟾体长50～65 mm，雌蟾体长约80 mm。通身背、腹密被疣粒和痣粒，顶部均有一角质颗粒或棘；通身背面棕色，有不规则的深色斑，背中央有一条清晰浅色脊纹；头背和头侧有深色斑纹。前臂及肘关节有模糊界线的深棕色斑纹，胫背有深棕色斑纹，指侧有缘膜，跗褶不显。

生活在海拔1900～2500 m中山常绿阔叶林下的山溪急流及其附近，所在环境多为农田或阔叶林地。

中国特有种，分布于云南。

蟾蜍科 Bufonidae，溪蟾属 *Torrentophryne*

札达漠蟾蜍
Bufotes zamdaensis

雄性体长49～65 mm。头长小于头宽，吻端圆，吻棱显著，鼓膜小，呈椭圆形，耳后腺扁平，呈逗号状；前臂指宽扁，指端圆，后肢短，趾端圆，趾间蹼不发达。皮肤粗糙，体背面橄榄色、浅绿色或灰色，布满大小不等的瘰粒，瘰粒上密布小白刺；腹面乳白色，体侧、腹面后部和股基部有较大扁平疣粒。雄性前肢粗壮，内侧3指基部和内掌突上有黑色婚垫，具单个咽下内声囊，内声囊处无黑色。

生活于海拔2900 m山区草甸、草地沼泽和水塘附近。

中国特有种，分布于西藏。

蟾蜍科 Bufonidae，漠蟾属 *Bufotes*
中国红色名录：数据缺乏（DD）
全球红色名录：数据缺乏（DD）

隆枕头棱蟾蜍
Duttaphrynus cyphosus

雄蟾体长70～78 mm，雌蟾体长74～128 mm。头部骨质眶上棱显著，呈"( )"形，有黑疣，棱间凹陷，枕部隆起，吻短而钝，吻棱显著，鼓膜小而显著，耳后腺大；皮肤粗糙，头顶、耳后腺间具稀疏小疣，背面余部有圆形锥状瘰疣，上眼睑小疣密集；前臂指端钝圆，后肢短，趾端钝圆，外侧3趾间具1/3蹼，胫部无大瘰粒；腹面满布均匀小刺疣。体背面黄棕、灰褐或黑褐色，吻端至肛前有一浅色细脊纹，上眼睑间有一较宽的弧形斑，头侧有3条深色纵斑；四肢背面有不规则横纹；腹面浅黄白色，具深灰色斑。雄蟾背面无花斑，前臂粗壮，第1、2指或内侧3指具棕色婚刺；雌蟾沿背正中向体侧有几条斜行棕黑纹。

成蟾栖于海拔1400～1500 m农田间及周边杂草丛中，有的傍晚在路边爬行；幼蟾见于林下腐烂树叶中。

中国特有种，分布于西藏。

蟾蜍科 Bufonidae，头棱蟾属 *Duttaphrynus*
中国红色名录：无危（LC）
全球红色名录：数据缺乏（DD）

喜山头棱蟾蜍
Duttaphrynus himalayanus

雄蟾体长85～90 mm，雌蟾体长90～107 mm。头长小于头宽，吻端钝圆，吻棱明显，耳后腺大，头部具骨质棱，枕部不隆起；前臂指末端圆，后肢短，趾末端圆，具1/2～2/3蹼；皮肤粗糙，背面圆形瘰粒大小不等，头顶光滑，有小疣粒，胫部无瘰粒；腹面有疣粒。体色变化大，背面呈黄褐色或黑褐色；腹面灰黄色，夹杂有深灰色斑。雄性皮肤稍光滑，前臂粗壮，内侧3指有黑色婚垫。

栖息于海拔1680～2800 m山地常绿阔叶林、灌丛、农田及附近，靠近山溪、池塘等水源地，或废弃房屋的木板和石下；繁殖期在溪内、小水塘内抱对产卵。

我国分布于西藏，国外分布于不丹、尼泊尔、印度、巴基斯坦。

蟾蜍科 Bufonidae，头棱蟾属 *Duttaphrynus*
中国红色名录：无危（LC）
全球红色名录：无危（LC）

黑眶头棱蟾蜍
Duttaphrynus melanostictus

体肥大，雄蟾体长72～81 mm，雌蟾体长95～112 mm。鼓膜大而显著，吻棱及上眼睑内侧黑色骨质棱强，耳后腺大；通身皮肤粗糙，除头顶外，满布大小疣粒，背部一般为棕黄色或浅棕色，有不规则花斑，背中线两侧，自枕至体端有排列成行的较大圆疣；手足及体腹面以及四肢腹面小疣密集，疣粒顶部都有黑色角质刺，指、趾末端棕黑色；腹面乳黄色，有花斑。雄蟾有内声囊。

生活于海拔1860 m以下多种环境，非繁殖期营陆栖生活，常活动在草丛、石堆、农田、小河边、水塘边及住宅附近，夜晚出来觅食，行动缓慢。成蟾多以蚯蚓、软体动物、甲壳类、多足类以及各种昆虫为食。繁殖期成蟾到水域及其附近寻找配偶，产卵于有水草的静水水域。

我国分布于华南和西南地区，国外分布于南亚和东南亚。

蟾蜍科 Bufonidae，头棱蟾属 *Duttaphrynus*
中国红色名录：无危（LC）
全球红色名录：无危（LC）

司徒头棱蟾蜍
Duttaphrynus stuarti

雄蟾体长60～72 mm，雌蟾体长81～87 mm。耳后腺扁平而发达，中央部位较宽，头顶额顶部呈槽状下凹；体背面有小的扁平圆疣；腹面全为平滑的扁平疣，显得极为粗糙。雄蟾通体背面亮黄色，无斑纹，扁平圆疣无角质颗粒；四肢背面无横斑，脊纹不显；腹面浅黄色，均匀散布棕黑色斑。雌蟾通体背面浅棕色，自吻端始至肛上方有明显的极细脊纹，圆疣顶部有角质颗粒1～5个，头侧和体侧有不规则的大块棕黑色斑块；四肢背面横斑显著，其横斑的中央部分色稍浅；腹面为浅灰棕色，有不规则的深色云样斑。

栖息于海拔1400 m左右的田埂石缝中，在静水田中产卵。

我国分布于云南省怒江傈僳族自治州贡山独龙族怒族自治县，国外分布于印度、不丹、缅甸。

蟾蜍科 Bufonidae，**头棱蟾属** *Duttaphrynus*
中国红色名录：数据缺乏（DD）
全球红色名录：数据缺乏（DD）

华西雨蛙
Hyla annectans

头宽大于头长，吻圆而高，瞳孔横椭圆形，鼓膜圆；背部皮肤光滑，颞褶粗厚，上眼睑外缘到颞褶至头后侧有疣粒；指、趾端均有吸盘，吸盘具边缘沟，后肢较长，无股后腺；体、四肢和腹面具颗粒状圆疣。吻部、体背面纯绿色；头侧从鼻孔沿吻棱经上眼睑外侧、鼓膜上方有紫灰略带金黄的线纹，向后到体侧前段多镶以细黑线；前臂及胫部绿色，其外缘一般镶有细黄纹，上臂基部和腋部各有一个大黑圆斑，股前后方、胫内侧浅黄色，均有黑斑点；腹面乳白色。雄性第1指具棕色婚垫，有单咽下外声囊，有雄性线。

生活于海拔600～2500 m热带常绿阔叶林、落叶林及周边草地、农田中，常见于多种静水水域及附近草丛、树枝或叶片上。5—6月为繁殖期，雨后和黎明前活动频繁，频频发出响亮的鸣叫。成蛙以昆虫为食。蝌蚪在静水塘或稻田内生活，多在水草间活动。

我国分布于重庆、四川、云南、贵州、湖南、湖北、广西，国外分布于印度、缅甸、泰国、越南。

雨蛙科 Hylidae，雨蛙属 *Hyla*
中国红色名录：无危（LC）
全球红色名录：无危（LC）

华西雨蛙川西亚种
Hyla annectans chuanxiensis

雄蛙体长约33 mm，雌蛙体长约39 mm，臂部无疣粒。体侧中段以后，逐渐出现黄色，并具粗大黑斑点1～5枚，排列成行或相连成扭曲状。

生活于海拔900～2200 m，善于攀爬树木，隐藏于植物叶片丛中，较难发现。

我国分布于四川。

华西雨蛙景东亚种
Hyla annectans jingdongensis

雄蛙体长约35 mm，雌蛙体长约41 mm，臂部具疣粒。在体侧中段以后出现黑色斑点，彼此分开，多数个体约3个；第3、4指间基部具蹼，趾间具半蹼。

见于海拔1500～2470 m，多在菜园、草丛、树干上活动。

我国分布于云南、四川、贵州和广西。

华西雨蛙腾冲亚种
Hyla annectans tengchongensis

雄蛙体长28～35 mm，雌蛙体长32～41 mm。吻棱明显，鼓膜圆，约为眼径的1/2，犁骨齿两小团，颞褶细，褶上几无疣粒；前肢背面光滑无疣粒，趾间具半蹼，前后肢背面绿色分别达腕部和根部，指和趾金黄色；体腹面及股腹面密布颗粒疣。

生活于海拔1620～2400 m的山地灌丛、旱地作物以及水稻田和溪流旁的草丛中。

我国分布于云南西部。

中国雨蛙
Hyla chinensis

雄蛙体长30～33 mm，雌蛙体长29～38 mm。头宽略大于头长，吻圆而高，吻棱明显，鼓膜圆而小，颞褶细而斜直，无疣粒；背面皮肤光滑；内跗褶棱起，指端有吸盘和马蹄形边缘沟，第3指吸盘大于鼓膜，指基具微蹼，趾吸盘略小；咽喉部光滑，腹面密布颗粒疣。体背面绿色或草绿色，一条清晰的深棕细线纹由吻端至颞褶达肩部，眼后鼓膜下方有另一条棕色细线纹，在肩部会合成三角形斑；体侧及腹面浅黄色，体侧、腋、股前后缘、胫、跗部内侧均有分散的黑圆斑；前臂及胫外侧有深色细线纹，跗足棕色，内侧指、趾近白色。

生活在海拔200～1000 m的低山区。白天多匍匐隐蔽在石缝、洞穴内，或灌丛、水塘边植物以及麦秆等高秆作物上；夜晚栖于低处叶片上鸣叫。成蛙捕食椿象、金龟子、象鼻虫、蚁类等害虫。3月下旬开始外出活动，4—5月雨后夜晚产卵，5月下旬可见幼蛙，9月下旬开始冬眠。

我国分布于华南、华东和华中地区，国外分布于越南。

雨蛙科 Hylidae，雨蛙属 *Hyla*
中国红色名录：无危（LC）
全球红色名录：无危（LC）

无斑雨蛙
Hyla immaculata

雄蛙体长约31 mm，雌蛙体长36～41 mm。头宽略大于头长，吻圆而高，瞳孔横椭圆形，鼓膜圆，颞褶明显；体和四肢背面光滑；前肢指间基部蹼迹不明显，指、趾端具吸盘，后肢短，趾间约具1/3蹼；胸、腹、股部遍布颗粒状疣。体背纯绿色，体侧与股前后方浅黄或黄色，无黑斑点；体侧、前臂后缘、胫与足外侧及肛上方有一条白色细线纹；体腹面和四肢腹面白色或乳黄色。雄蛙第1指具乳白色婚垫，有单咽下外声囊，有雄性线。

生活于海拔200～1200 m山区针阔叶混交林、落叶林、灌丛、草甸、沼泽、池塘等植物丰富的环境，常见于河流、溪流、湖泊、稻田岸边或埂边的灌木枝叶及农作物秆上。雨后或夜间外出活动，常聚集成群，鸣叫声大而高。成蛙捕食多种害虫。繁殖期5—6月，卵产于水坑或稻田内。蝌蚪在静水塘生活。

中国特有种，分布于华东、华南、华中、华北、西南地区东部。

雨蛙科 Hylidae，雨蛙属 *Hyla*
中国红色名录：无危（LC）
全球红色名录：无危（LC）

华南雨蛙
Hyla simplex

雄蛙体长32～39 mm，雌蛙体长37～43 mm。头宽略大于头长，吻宽圆而高，吻棱明显，鼓膜圆；皮肤光滑，颞褶细而斜直，无疣粒；指、趾端均有吸盘及边缘沟；胸腹部及股腹面密布颗粒疣。背部绿色，体侧及腹面乳黄或乳白色，体侧、前后肢均无黑色斑点，自吻端沿头侧及体侧至肛部有一条醒目的黑色或深棕色细线。雄蛙第1指婚垫棕色，有单咽下外声囊，有雄性线。

生活于海拔50～1500 m各类水域及附近的草丛、农田或植物繁茂的林下。成蛙常见于林边灌丛、高秆作物、竹林或小树上，雨后鸣叫声响亮。不完全冬眠，在热带地区的产卵季节长，卵产在静水塘或临时水坑内。蝌蚪底栖。

我国分布于广西、广东、海南、浙江、江西，国外分布于越南、老挝。

雨蛙科 Hylidae，雨蛙属 *Hyla*
中国红色名录：无危（LC）
全球红色名录：无危（LC）

昭平雨蛙
Hyla zhaopingensis

雄蛙体长约30 mm，雌蛙体长约34 mm。吻较短，端部钝圆，吻棱显著，瞳孔几近圆形，鼓膜圆形；背面皮肤光滑；指细长，指侧具缘膜，指端具吸盘和边缘沟，后肢细长，趾间具蹼；腹部、股部腹面满布白色疣粒，其余部位均光滑。体背面浅绿色，全身无斑点，从眼后缘经体侧至胯部有一发亮的乳黄色细线纹，下方还伴有一条深棕色几近黑色的细线纹；前、后肢肉色，前臂内侧和股部内、外侧，胫及足部内侧橙黄色。雄蛙有单咽下外声囊，咽喉部色深，第1指基部有浅棕色婚垫。

7—8月见于海拔约140 m处的芭蕉叶上。

中国特有种，分布于广西。

雨蛙科 Hylidae，雨蛙属 *Hyla*
中国红色名录：易危（VU）
全球红色名录：数据缺乏（DD）

云南小狭口蛙
Glyphoglossus yunnanensis

小型蛙，体肥胖，雄蛙体长30～37 mm，雌蛙体长40～50 mm。背部土黄色或浅棕色，有镶米黄色细边的深棕色斑纹，体侧各有一条深色斜纵纹，胯部有一对醒目的眼状斑；四肢均有横纹；腹面有大而厚的腺体，雄蛙咽部色深。皮肤光滑，背部具疣粒或狭长细疣，平行排列，眼后至胯部有斜行的侧褶，均由小疣连续而成；腹面皮肤光滑。

生活在海拔700～2400 m山区静水水域及其附近，如池塘、水凼、稻田、排水沟等。产卵于岸边浅水处的水草上。

我国分布于云南、四川、贵州，国外分布于越南。

姬蛙科 Microhylidae，小狭口蛙属 *Glyphoglossus*
中国红色名录： 无危（LC）
全球红色名录： 无危（LC）

花细狭口蛙
Kalophrynus interlineatus

体形中等，略呈三角形，雄蛙体长32～38 mm。皮肤粗糙，除四肢内侧皮肤光滑外，通体满布扁平小圆疣；头顶疣粒小而密，背面小疣杂以较大的圆疣；腹面、咽部疣粒密集，胸部圆疣零星并大而色浅，股腹面大圆疣连成一片，颞褶显著。体背灰棕色并略带粉红色，有4～5条棕黑色斜行纵带，中间呈"A"形，体侧黑棕色，吻棱上方色浅，下方色深；四肢背面横纹显著；肛前有一条斑纹向前伸至体中部，咽部黑棕色，股基部为肉红色。

生活于海拔900 m以下低地和丘陵落叶林、灌丛和草地环境，常见于住宅或耕作区周围的灌丛、草丛和林地边缘，很少在大水塘中见其踪迹，繁殖于临时小水塘或沼泽中。

我国分布于云南、广西、广东、海南、香港，国外分布于缅甸、老挝、泰国、柬埔寨、越南。

姬蛙科 Microhylidae，细狭口蛙属 *Kalophrynus*
中国红色名录：近危（NT）
全球红色名录：无危（LC）

弄岗狭口蛙
Kaloula nonggangensis

体形中等，雄蛙体长41～53 mm，雌蛙体长约52 mm。皮肤光滑，少数个体略显粗糙，背部橄榄绿色或深橄榄绿色，有不规则褐色斑纹和斑点；颞褶厚而显著；腹部呈烟灰色，雄性咽、胸部有分散的柠檬黄色小斑点。

生活在海拔150～200 m石灰岩山地原始或次生常绿阔叶林及附近的农田或河岸平地，常见于雨后临时小水塘中、住宅附近的石块下、土穴内。繁殖期5—6月，产卵于水塘或小水坑内。

中国特有种，分布于广西。

姬蛙科 Microhylidae，狭口蛙属 *Kaloula*
中国红色名录：数据缺乏（DD）
全球红色名录：数据缺乏（DD）

花狭口蛙
Kaloula pulchra

体形肥硕粗壮，雄蛙体长55～77 mm，雌蛙体长56～77 mm。头宽大于头长，吻端钝圆，吻棱不显，鼓膜不显。皮肤厚、光滑，有一些圆形颗粒。背部棕色，有一个深棕色大三角形斑。指、趾端方形平切状，膨大成吸盘。

栖息于海拔750 m以下湿地、河岸和林地边缘，也见于农田或人居环境，常爬到灌木树上，也善于挖掘，仅需数秒钟即可将身体埋入土中。主要以蚁类为食。鸣声高亢。繁殖期3—8月，常在暴雨之后产卵于临时积水坑中。

我国分布于云南、广西、福建、广东、海南、香港、澳门，国外分布于印度、孟加拉国、马来西亚、新加坡、印度尼西亚、泰国、缅甸、柬埔寨、老挝、越南。

姬蛙科 Microhylidae，狭口蛙属 *Kaloula*
中国红色名录：无危（LC）
全球红色名录：无危（LC）

四川狭口蛙
Kaloula rugifera

体宽扁，雄蛙体长36～43 mm，雌蛙体长44～54 mm。头小，头宽明显大于头长，吻端圆，鼓膜隐蔽；背部皮肤厚，有小疣，枕部有一条横肤沟；指末端略膨大，呈平切状；后肢粗短，趾端圆，趾蹼发达；体腹面平滑，肛孔周围有小疣粒。背面一般为橄榄绿或草绿色，肩部常有2条浅色斜行宽带纹；腹部米黄或深灰色。雌蛙在疣粒部位散有颇多黑点；雄蛙具单咽下外声囊，整个胸腹部有皮肤腺，雄性线显著，指端有2簇骨质疣突。

栖息于海拔500～1200 m山区或平原，常见于山坡或居民房屋附近石块下或土穴内，有的隐匿在约1 m高的树洞内。也常聚集在夏季暴雨形成的临时水坑中或其附近，产卵季节为6—8月，在大雨后有抱对行为，卵产在临时水坑内。

中国特有种，分布于四川、甘肃南部。

姬蛙科 Microhylidae，狭口蛙属 *Kaloula*
中国红色名录：无危（LC）
全球红色名录：无危（LC）

多疣狭口蛙
Kaloula verrucosa

体形中等，雄蛙体长41～46 mm，雌蛙体长46～52 mm。背部棕灰色或棕色，有的有大小不等黑色斑点，有一条黄色脊纹，体侧及肩部浅灰白色，有的有棕灰色斑点；指、趾末端钝圆，趾间蹼发达，雄蛙指端有4～6枚骨质疣突。皮肤较粗糙，枕部有横沟，颞褶厚而显著，背部疣多，或疣粒排成纵行；胸、腹部有厚皮肤腺，腹面及四肢腹面皮肤光滑，疣粒少，肛周疣粒粗且密集。

生活在海拔1430～2400 m山区或河岸平地，村庄附近农田、小水塘、灌溉水渠或路旁沟渠中，常见于草地或住宅附近的石块下、土穴内；繁殖期5—7月，大雨后出来产卵，此时白天、夜晚都可听到雄蛙的叫声，卵产于房屋、路边或旷野的临时水坑。

中国特有种，分布于云南、四川、贵州。

姬蛙科 Microhylidae，狭口蛙属 *Kaloula*
中国红色名录： 无危（LC）
全球红色名录： 无危（LC）

缅甸姬蛙
Microhyla berdmorei

  小型蛙，雄蛙体长30～33 mm，雌蛙体长32～42 mm。背部及四肢背面为土灰色，背部有大块深褐色花斑，以浅黄色镶边，自上眼睑内侧在躯干中央交会，在其后部分叉呈"八"字形并斜向胯部，体侧各有一行起自肩后方的浅色斑点；指、趾端膨大，背面有纵沟；趾蹼发达；咽部有灰黑色细点，腹部及四肢腹面色白。皮肤较粗糙，具较多疣粒，背两侧疣粒较大而圆；四肢背面、股基部后方圆疣较少；腹面皮肤光滑。
  生活在海拔1200 m以下各种山地湿性常绿林环境，见于各种中小型静水水域，如稻田、水沟、水池或沼泽及其附近的草丛中。
  我国分布于云南，国外分布于印度、孟加拉国、缅甸、泰国、老挝、越南、柬埔寨、马来西亚、印度尼西亚。

姬蛙科 Microhylidae，姬蛙属 *Microhyla*
中国红色名录：近危（NT）
全球红色名录：无危（LC）

粗皮姬蛙
Microhyla butleri

　　小型蛙，雄蛙体长20～25 mm，雌蛙体长21～25 mm。背部及四肢背面灰色，疣粒上具有土红色点，背部有大块深褐色花斑，以浅黄色镶边，汇成宽窄相间的主干，在其后部则分叉呈"八"字形并斜向胯部，体侧各有一行起自肩后方的斑点；四肢及指、趾背面均有深褐色横条，趾间具微蹼，指、趾末端均具吸盘；咽部有灰黑色细点，腹部及四肢腹面色白。皮肤粗糙，多疣粒，背中线疣粒纵排成行，两侧疣粒大而圆，枕部有横沟；四肢背面亦有疣粒；腹面皮肤光滑。

　　生活于海拔200～1500 m山区森林边缘中小型静水水域，如稻田、水沟、水池或沼泽及其附近的草丛中。成蛙常见于山坡水田、水坑边土隙或草丛中。繁殖期5—6月。

　　我国分布于四川、重庆、贵州、云南、广西、台湾、浙江、江西、湖南、福建、海南、广东、香港，国外分布于印度、缅甸、老挝、泰国、越南、马来西亚、新加坡。

姬蛙科 Microhylidae，姬蛙属 *Microhyla*
中国红色名录：无危（LC）
全球红色名录：无危（LC）

饰纹姬蛙
Microhyla fissipes

小型蛙，雄蛙体长21～25 mm，雌蛙体长22～24 mm。背面棕灰色或土灰色，有对称成套的深棕色"A"形花纹；体侧自吻棱、眼后方至胯部有间断的黑色线纹和小斑点；四肢背面有横纹，趾间具蹼迹；指、趾末端圆而无吸盘及纵沟；腹面色白无斑。皮肤较光滑，背部有分散的小疣粒；自眼后方至胯部前方有斜行排列的大长疣；枕部有横肤沟，且延伸至头侧，沿口角后至肩基部；腹面光滑。

栖息于海拔2000 m以下丘陵、山地或平原静水水域及其附近，尤喜稻田、沼泽、池塘等周边的灌丛、草丛中或泥窝内，也见于林地下的落叶中。夜间活动为主，雨后白天也活动；在雨后临时水塘或静水中产卵。

我国分布于秦岭以南广大地区，国外分布于中南半岛。

姬蛙科 Microhylidae，姬蛙属 *Microhyla*
中国红色名录：无危（LC）
全球红色名录：无危（LC）

大姬蛙
Microhyla fowleri

　　小型蛙，雄蛙体长30～33 mm，雌蛙体长32～42 mm。头宽略大于头长，吻端尖圆形，超出下颌，吻棱不显，鼓膜不显，无颞褶；通身背面和四肢背面土黄色，背面有塔形斑纹，彼此重叠且相连无间隙；下颌面和四肢腹面肉黄色，腹面浅黄色。皮肤粗糙，眼后方和肩部疣粒甚多，间断性斜至胯部，头、体及背中线、四肢背面均有细疣粒，且排列成行；咽部肤沟明显，咽部、四肢腹面光滑。

　　生活在海拔1200 m以下各种山地湿性常绿林中的山溪和静水水域及其附近。在溪流或静水中产卵。

　　我国分布于云南，国外分布于缅甸、印度、孟加拉国、泰国、老挝、越南、柬埔寨、印度尼西亚。

姬蛙科 Microhylidae，姬蛙属 *Microhyla*
中国红色名录：近危（NT）
全球红色名录：无危（LC）

小弧斑姬蛙
Microhyla heymonsi

　　小型蛙，雄蛙体长18～22 mm，雌蛙体长23～25 mm。体背泥灰色，从吻端至肛部有一条米黄色脊线，脊线两侧有较宽的波状黑棕色线纹延伸至后肢基部，自吻端至体侧有宽大的黑色斜纹达胯部，背中线处有1～2对弧形小斑纹；四肢背面有许多黑棕色横纹；腹面白色。背腹皮肤光滑，背面有微小的痣粒，颌褶绕至胸部构成环绕胸部的肤沟，肩基部也有肤沟，眼后至胯部有明显斜行肤棱，股基部腹面有较大的痣粒。

　　生活在海拔1400 m以下山区、山间盆地的静水水域及其附近，常见于农田、河岸、庭院、草地、疏林等的草丛、土坑、泥窝中。繁殖期5—6月，在雨季临时小水塘、小水沟、沼泽和缓流中产卵繁殖。

　　我国分布于长江以南地区，国外分布于中南半岛、苏门答腊岛、安达曼—尼科巴群岛。

姬蛙科 Microhylidae，姬蛙属 *Microhyla*
中国红色名录：无危（LC）
全球红色名录：无危（LC）

花姬蛙
Microhyla pulchra

体形小,雄蛙体长23～32 mm,雌蛙体长28～37 mm。体背面浅棕色,具有若干重叠的"∧"形斑,其间有一些深色小斑点;趾间半蹼;指、趾末端无吸盘及纵沟;皮肤光滑,具少数小疣粒,枕部有横沟;雄蛙有明显的咽褶;腹面光滑,胯部及股后多为柠檬黄色。

生活于海拔1100 m以下的山地或丘陵森林边缘或农田附近,见于水坑、水洼及附近草地、泥窝、洞穴,雄蛙鸣声洪亮。

我国分布于甘肃、四川、贵州、云南、广西、浙江、江西、湖南、湖北、福建、广东、海南、香港、澳门,国外分布于中南半岛。

姬蛙科 Microhylidae,姬蛙属 *Microhyla*
中国红色名录:无危(LC)
全球红色名录:无危(LC)

孟连小姬蛙
Micryletta menglienica

　　小型蛙，体三角形，雄蛙体长20～23 mm。背面紫棕色，或有椭圆形黑色斑点，自吻侧起沿吻棱下方，经体侧至胯部，有一条棕黑色宽纵带，下方还有灰白色的不连续的浅纵纹；上颌缘有不规则的棕色线纹，下颌缘前半部分为棕黑色，体侧还有棕色云斑；咽部乳黄色，腹面有一个三角形透明区，其余部分有棕色云斑。皮肤较光滑，背、腹面散布许多细小的白色角质颗粒，四肢背、腹面皮肤光滑，股基部和肛周有较粗的白色角质颗粒。

　　栖息在热带海拔300～1000 m林地附近的小水塘附近或潮湿的枯叶、杂草丛中，产卵于小水塘中，同一环境中还生活着粗皮姬蛙、锯腿小树蛙等。喜食蚂蚁类。

　　我国分布于云南，国外分布于越南。

姬蛙科 Microhylidae，**小姬蛙属** *Micryletta*
中国红色名录：近危（NT）
全球红色名录：数据缺乏（DD）

德力小姬蛙
Micryletta inornata

　　体形小，体长约20 mm。体色鲜艳，多呈褐红色，鼻眼下方至肩部有一条浅色纵纹，体背面和体侧有间断的黑褐色纵纹及不规则斑点；四肢与体背色彩相同，有不明显的黑褐色小点，指、趾关节下瘤大，指、趾背面无纵沟；颌缘有黑褐色斑，腹面色白。背面光滑，有大小不一的小扁疣，自头后起背脊中央至肛孔上方有一条细且直的窄肤棱；股后及泄殖腔周围有密集大疣，腹面平滑，雄蛙可见极细痣粒。

　　生活于海拔550 m左右森林边缘地区和农田周边，在雨后形成的小水塘中产卵繁殖。

　　我国分布于云南、广西、海南，国外分布于中南半岛、苏门答腊岛、安达曼群岛。

姬蛙科 Microhylidae，小姬蛙属 *Micryletta*
中国红色名录：易危（VU）
全球红色名录：无危（LC）

西藏舌突蛙
Liurana xizangensis

雄蛙体长约21 mm。吻钝圆，吻棱和颊褶明显，鼓膜大而显，瞳孔略呈椭圆形；体背面皮肤较光滑，有分散小疣，以体侧及肛周较多；股、胫部小疣明显，前肢较短，指端钝圆而扁平，无沟，后肢较粗壮，趾、跖间均无蹼；腹部有扁平大疣。体背面棕褐色，上眼睑间有黑横纹，从吻端沿吻棱经上眼睑外缘至颊褶有一条黑纹，眼前角下方达上唇缘和鼓膜前缘有黑纹，背部前后各有一个深色花斑；四肢背面横纹清晰；四肢腹面橘红色，掌、跖部棕色，腹面肉色有黑色网状斑。雄性无声囊及雄性线，未见指上婚垫。

生活于海拔2300 m左右针阔叶混交林的潮湿环境中，常隐没在林下山坡大石下、乱石间的苔藓植物或腐殖质下、密集的草丛中，极难发现。行动敏捷，弹跳力甚强。6月间成蛙鸣叫，鸣声清脆，"嘎、嘎"声起连续5～8声，稍有惊扰立即停叫。

中国特有种，分布于西藏。

亚洲角蛙科 Ceratobatrachidae，舌突蛙属 *Liurana*
中国红色名录：近危（NT）
全球红色名录：易危（VU）

海陆蛙
Fejervarya cancrivora

雄蛙体长55～68 mm，雌蛙体长70～89 mm。头长约等于头宽，吻端钝尖，鼓膜大；背面较粗糙，体背和体侧有长短不一的肤棱4～8条，上有小白刺；前肢较短，后肢粗壮而短，趾间具全蹼；腹面光滑。颜色变异大，背面多为褐黄色，有黑褐色斑纹；体腹面浅黄白色，咽喉部多有褐色斑点。雄蛙第1指婚垫很发达，有一对咽侧下外声囊（褐色），有雄性线。

生活于近海边的咸水或半咸水地区。成蛙常栖息于海潮能够波击的海岸，红树林地区较常见。白天隐蔽在红树林植物根部或洞穴内，傍晚到海滩上觅食，以蟹类为主，故又名"食蟹蛙"，还捕食虾、小鱼、螺类及昆虫，有时也见于路边沟渠和稻田。

我国分布于广西、海南、澳门、台湾，国外分布于中南半岛、马来群岛。

叉舌蛙科 Dicroglossidae，陆蛙属 *Fejervarya*
中国红色名录：濒危（EN）
全球红色名录：无危（LC）

泽陆蛙
Fejervarya multistriata

  体形小，雄蛙体长27～42 mm，雌蛙体长44～52 mm。上下颌有垂直条纹，两眼间有横斑；背部有长短不一的纵行腺性肤棱，其间有疣粒，背正中有脊纹，颞褶明显，无背侧褶，体侧、体后段圆疣清晰；四肢横纹显著而不规则，腿背面有小疣，个别有横肤沟。体色多随环境而不同，体背灰橄榄色或深灰色，杂以土红色或土黄色斑纹；腹面灰白色。

  生活于海拔2000 m以下平原、丘陵和山区的稻田、沼泽、水塘、水沟等静水水域或其附近草丛中。昼夜活动，主要在夜间觅食。雌蛙每年产卵多次，4月中旬—5月中旬、8月中旬—9月为产卵盛期，大雨后雄蛙常集群鸣叫；蝌蚪生活在静水水域中。

  我国主要分布于长江以南广大地区，国外主要分布于中南半岛。

叉舌蛙科 Dicroglossidae，陆蛙属 *Fejervarya*
中国红色名录：无危（LC）
全球红色名录：数据缺乏（DD）

清迈泽陆蛙
Minervarya chiangmaiensis

体形小，雄蛙体长26～29 mm。吻较尖，上下颌垂直条纹较宽，两眼间有横斑，颞褶明显，无背侧褶；背部、体侧、体后段圆疣清晰；腿背面有小疣。体背土黄色、灰橄榄色或深灰色，杂以土红色或斑纹，背正中有脊纹；四肢横纹显著但不规则；腹面灰白色。

生活于山区中低海拔稻田、沼泽、水塘、水沟等静水水域或其附近的旱地草丛。昼夜活动，主要在夜间觅食。

我国分布于云南，国外分布于泰国、缅甸。

叉舌蛙科 Dicroglossidae，南亚陆蛙属 *Minervarya*

虎纹蛙
Hoplobatrachus chinensis

体形大，雄蛙体长66～98 mm，雌蛙体长87～121 mm。头长略大于头宽，吻端尖圆形，吻端超出下颌，下颌前侧方有两个齿状骨突，吻棱钝，颊部向外倾斜，鼓膜大，犁骨齿强；头侧、前、后肢背面和体腹面光滑，体背粗糙，有长短不一、间断排成纵行的肤棱，其间散有小疣粒，胫部纵行肤棱明显。背面多为黄绿色或灰棕色，有不规则的深绿褐色斑纹；四肢横纹明显；体和四肢腹面肉色，咽、胸部有棕色斑，胸后和腹部略带浅蓝色，有斑或无斑。

生活在海拔20～1120 m山区、平原、丘陵地带的稻田、菜地、鱼塘、水坑和沟渠内。觅食小型蛙类和鱼苗。白天隐匿于岸边洞穴内，夜间外出活动，跳跃能力很强。3—8月在静水水域繁殖，雌蛙每年可产卵2次以上。

我国分布于华东、华中、华南和西南地区，国外分布于中南半岛。

叉舌蛙科 Dicroglossidae，虎纹蛙属 *Hoplobatrachus*
中国保护等级：Ⅱ级
中国红色名录：濒危（EN）
全球红色名录：无危（LC）

版纳大头蛙
Limnonectes bannaensis

体形大，雄蛙体长68～98 mm，雌蛙体长59～68 mm。体色多样，有灰黑色、深绿色、灰棕色、红棕色，体背面皮肤光滑，具少数细肤棱，肤棱上有黑纹，体后部有小圆疣，窄长的疣粒上有黑色斑纹，上下颌黑色纵纹明显，体侧至胯部有黄色花斑；四肢横纹清晰；咽部及前、后肢腹面有许多棕色或黑棕色斑点，腹面白色。

生活于海拔320～1100 m的山区，常在小溪沟缓流处石下或水凼边草丛中或静水塘及其附近活动；一年可产卵多次。蝌蚪多在水的中层游动。

我国分布于云南、广西、广东，国外分布于老挝、越南。

叉舌蛙科 Dicroglossidae，大头蛙属 *Limnonectes*
中国红色名录：易危（VU）

陇川大头蛙
Limnonectes longchuanensis

体肥胖，雄蛙体长55～78 mm，雌蛙体长40～63 mm。头长大于或等于头宽，枕部隆起，吻端钝圆，吻棱不显，从眼后至背侧各有一间断成行的窄长疣，但无背侧褶；后肢较粗短，趾间具全蹼。皮肤较光滑，体背面多为棕红色，上、下唇缘有黑斑，背中部有一个"W"形黑斑，有的有一条浅色脊线；四肢背面有黑横斑3～4条；腹面浅色，有的咽喉部及后肢腹面有棕色小点。雄蛙头部较大，后肢特别粗壮，无婚垫，背侧有雄性线。

生活于海拔290～900 m山区平缓处水浅的溪流内，溪内水量小石块多，两岸有高大常绿乔木或灌丛。成蛙白天多在浅水带石间或石下活动，行动敏捷，跳跃力强，稍受惊扰即潜入石下或石间。

我国分布于云南西部，国外分布于缅甸。

叉舌蛙科 Dicroglossidae，大头蛙属 *Limnonectes*
中国红色名录：易危（VU）

泰诺大头蛙
Limnonectes taylori

体形中等，体长雄性46～93 mm，雌性40～62 mm。头大，头长稍大于头宽，雄性头比雌性长，吻钝尖，突出于下颌，眼睑无疣粒，眼后边缘有不明显的横向皱褶；指端钝圆，指间无蹼，趾间具全蹼。头部黑眶间后方有窄的浅色带，并有一条斜的黑棕色颞纹直达腹股沟，头侧从眼先后半部到腹股沟呈暗棕色；背部棕色，有疣粒，混有黑色斑点；前臂上方有黑棕色条纹，前肢背侧有黑棕色相互交错的条带；喉部淡灰色，胸和喉部乳白色，有黑棕色斑点，下腹部乳白色。雄性第1指有婚垫。

生活于海拔440～1650 m山地森林溪流中及其附近、农田附近长满草的坑塘中。成体常见于石块下或草丛中。繁殖期8月，在水塘中抱对产卵。

我国分布于云南，国外分布于泰国西北部、缅甸东部、老挝北部、越南中部。

叉舌蛙科 Dicroglossidae，大头蛙属 *Limnonectes*
全球红色名录：无危（LC）

刘氏泰诺蛙
Taylorana liui

雄蛙体长32～39 mm，雌蛙体长约33 mm。吻钝圆，吻棱不显，鼓膜大而显；皮肤粗糙而薄，眼后经体侧至胯部有断续肤褶，体背中部有"八"字形短小肤褶，背后部有疣粒；四肢背面有成行疣粒；前肢细，后肢粗壮，趾端有吸盘，趾吸盘略大于指吸盘，无横沟或不明显；腹面皮肤光滑。背面棕黄色，两眼间有深色横纹，背部肤褶黑色；四肢背面有黑色横纹；咽喉部有棕黑色斑点，腹部呈肉黄色。雄蛙有无声囊和雄性线，未见指上婚垫。

生活于海拔550～760 m热带林区，栖息在山溪水流或其附近小水塘中，水塘内腐殖质层较厚，水质混浊具腐臭气味。繁殖期4—5月。

我国分布于云南，国外老挝、缅甸可能有分布。

叉舌蛙科 Dicroglossidae，泰诺蛙属 *Taylorana*
中国红色名录：易危（VU）
全球红色名录：易危（VU）

布氏棘蛙
Gynandropaa bourreti

体形肥硕，雄蛙体长58～97 mm，雌蛙体长52～70 mm。头略宽扁，头宽大于头长，吻端圆，吻棱不显，鼓膜清晰。头部皮肤较光滑，体和四肢背面粗糙，后背中央有几个大疣排成"∧"形，椭圆形，分布均匀，其间有小刺疣，无背侧褶。前肢短，指、趾端球状，无沟；后肢粗壮，趾间2/3蹼，有跗褶。背面灰棕色，四肢横纹不显或隐约可见；咽喉部、体和四肢腹面灰白色。雄蛙前肢粗壮，内侧1指或2指有婚刺，胸部有刺团一对，具单咽下内声囊。

生活在海拔1500～2120 m森林茂密的山涧及其附近。繁殖期6—7月，6月初晚上可看见大量成蛙栖息在溪流两侧。

我国分布于云南、贵州，国外分布于越南北部、老挝北部、缅甸东北部。

叉舌蛙科 Dicroglossidae，双团棘蛙属 *Gynandropaa*
中国红色名录：濒危（EN）
全球红色名录：濒危（EN）

无声囊棘蛙
Gynandropaa liui

体形略小，雄蛙体长约64 mm，雌蛙体长61 mm左右。头宽略大于头长，吻端圆，吻棱不显，眼后有横肤沟，鼓膜大而清晰，近圆形；体和四肢背面皮肤粗糙，长疣排列成行有刺粒，之间散有小圆疣；雌蛙体和四肢腹面光滑，雄蛙前肢粗壮，指、趾端圆，无沟，后肢短，有跗褶，趾间具全蹼。体背面棕黑色，散有深褐色斑点，有的疣粒黑色；四肢背面有深褐色横纹或不明显；咽喉部及四肢腹面多有棕色或紫棕色云斑，体腹面肉灰或污白色，无斑。雄蛙前肢极粗壮，内侧2或3指有黑婚刺，胸部有一对刺团，无声囊和雄性线。

生活于海拔2100～2650 m湖边浅水滩或湖中小岛的岩石间或草丛及林地间。

中国特有种，分布于四川、云南。

叉舌蛙科 Dicroglossidae，双团棘蛙属 *Gynandropaa*
中国红色名录：易危（VU）
全球红色名录：易危（VU）

双团棘胸蛙
Gynandropaa phrynoides

　　雄蛙体长89～116 mm，雌蛙体长83～112 mm。头顶和头侧、前肢皮肤较光滑，无大疣，鼓膜可见但不清晰；背部部分疣粒较长，前后排列成平行长线，其余疣粒多为圆点状，体侧、后肢背面及跖部有大小黑刺疣；前肢短，前2指或3指有稀疏小黑刺，全蹼或满蹼；胸部具一对刺团，两刺团中间边缘清晰，外侧边缘不规则。头体背面棕褐色或黄棕色，散有大小深色麻斑；前肢横纹不显，后肢横纹较为清晰；腹面淡黄色，咽喉部和四肢腹面有紫色点状花纹。

　　生活于海拔1400～2100 m的山区林间石块较多的溪流内。繁殖期5—6月。

　　中国特有种，分布于云南、贵州。

叉舌蛙科 Dicroglossidae，双团棘蛙属 *Gynandropaa*
中国红色名录：易危（VU）

四川棘蛙
Gynandropaa sichuanensis

雄蛙体长80～103 mm，雌蛙体长89～109 mm。头略宽扁，头宽大于头长，吻端圆，吻棱不显，两眼后有横肤沟，鼓膜明显；皮肤粗糙，头顶和头侧无大疣，头部、体侧、四肢背面及跗部有大小黑刺疣，背部有纵行扁平短褶或椭圆形大疣，其间有小圆疣，上有小黑刺，无背侧褶，颞褶显著；前肢短，后肢肥壮，趾间具全蹼。体色有变异，多为深灰褐色或黄棕色，唇缘多有深色纹，后肢背面深色纹明显；腹面灰白色或黄色，多散有灰色斑。雄蛙前臂粗壮，内侧3指有锥状黑刺，胸侧2个刺团大，有单咽下内声囊，无雄性线。

生活于海拔1500～2400 m林木繁茂的山溪及其附近，也在湖、塘岸边生活。白天多隐蔽在岸边石下，夜间外出活动或觅食。繁殖期在6月下旬或7月，卵产于溪内石底面。

中国特有种，分布于四川、云南。

叉舌蛙科 Dicroglossidae，双团棘蛙属 *Gynandropaa*
中国红色名录：易危（VU）
全球红色名录：易危（VU）

云南棘蛙
Gynandropaa yunnanensis

　　体形大而肥硕，雄蛙体长110～116 mm，雌蛙体长109～114 mm。吻端圆，吻棱不显，颞褶显著；皮肤粗糙，头部、体背面、侧面、四肢背面均密布圆形或卵圆形大疣粒，疣粒上有黑刺，体背部和两前肢之间，一些大的深色疣粒形成一个"∧"形；前肢短，指端钝圆，指端部膨大，指间蹼不发达，约为2/3蹼；肛部周围有一些小的白色的疣粒。背面多为褐色、灰棕色或黄棕色；腹面棕灰色，咽喉部和四肢腹面有深灰色点状花纹。雄性前3指有锥状婚刺，胸部刺团两团，无雄性线。

　　生活于海拔1400～2100 m山区林木茂盛、林下有草地的溪流内，常蹲在岸边长有苔藓的石头上。蝌蚪生活于溪流洄水凼内，多隐蔽在石下或腐叶中。

　　我国分布于云南、贵州，国外分布于越南北部、缅甸东北部。

叉舌蛙科 Dicroglossidae，双团棘蛙属 *Gynandropaa*
中国红色名录：濒危（EN）
全球红色名录：濒危（EN）

察隅棘蛙
Maculopaa chayuensis

体形中等，雄蛙体长68～87 mm，雌蛙体长83～91 mm。头侧有浅色斑纹；背部橄榄色，疣粒四周有黑色斑块；四肢和指、趾背面深浅横纹相间；咽喉部有灰色云样斑。皮肤粗糙而厚实，通体背面有大小不等的圆形和长形疣粒，上有小黑刺，头侧至颌缘及颞部有密集的小白刺粒，颞褶短而斜直；四肢背面疣粒略小而稀疏。雄蛙胸部有明显的黑色刺团，腹侧疣多而密，咽部刺粒稀少；雌蛙腹面光滑。

栖息在海拔900～2000 m河流及其支流内，所在环境林木繁茂而潮湿。白天栖息于河边石下，偶见于河边静水凼或稻田中，晚上匍匐于河边石上或草地。繁殖期7—8月。

我国分布于云南、西藏，国外分布于印度。

叉舌蛙科 Dicroglossidae，花棘蛙属 *Maculopaa*
中国红色名录：易危（VU）

错那棘蛙
Maculopaa conaensis

个体小，雄蛙体长44～69 mm，雌蛙体长46～68 mm。头较扁平，头长略小于头宽，吻端钝圆，突出于下颌，吻棱不明显，鼓膜不清晰；前臂指端圆球状，后肢粗壮而长，趾端圆球状，趾间具全蹼。皮肤较光滑，头侧和四肢背面散布有小疣粒，两眼后角间有一横肤沟，颞褶明显，体背前部两侧有肤棱，背面和侧面散布有大小不等的疣粒和长形疣粒，无背侧褶；腹面皮肤光滑，肛部两侧皮肤呈明显的"八"字形囊状泡起。雄性前臂粗壮，胸部两侧有黑刺团，内侧2或3指有黑色锥状婚刺，有单咽下内声囊。

活动于海拔2900～3400 m高山森林或灌丛环境中小溪流、泉水沟及其附近的水坑中。白天隐匿于石块、树根下，偶见于岸边石上或草丛；夜晚出来活动，多匍匐在溪石块上或草丛中。

我国分布于西藏，国外分布于不丹。

叉舌蛙科 Dicroglossidae，花棘蛙属 *Maculopaa*
中国红色名录：易危（VU）
全球红色名录：数据缺乏（DD）

花棘蛙
Maculopaa maculosa

体形肥硕，雄蛙体长84～86 mm，雌蛙体长84～93 mm。背面紫黑色或紫罗兰色，有黄绿色细斑交织成的网状纹；四肢背面及趾背有深浅相间横纹；腹面浅紫色。皮肤较粗糙，头侧唇缘及颞部有密集的细小白刺粒，口角及其上方疣粒多而明显，下唇缘小白刺多而密，颞褶斜直，枕部横肤沟显著；头顶、背部及体侧有大小不一的疣粒；四肢背面疣粒少；咽喉部及腹部刺少而稀，腹部皮肤光滑。

生活于海拔1800～2600 m林区山溪内或其附近，夜间栖息于溪岸两旁。繁殖期6—7月，产卵于水中石下。蝌蚪常在溪流边的水凼内或缓流小溪内，多底栖。

中国特有种，分布于云南中部。

叉舌蛙科 Dicroglossidae，花棘蛙属 *Maculopaa*
中国红色名录：濒危（EN）
全球红色名录：易危（VU）

墨脱棘蛙
Maculopaa medogensis

体大,雄蛙体长约63 mm,雌蛙体长71~114 mm。头部较扁平,头宽略大于头长,吻端钝圆,吻棱明显,鼓膜隐于皮下;前肢较短,后肢较长,趾端圆球状,趾间满蹼,无外突,无跗褶。背面皮肤较粗糙,头顶部及体背前部较光滑,后部及体侧刺疣较密,体背多为橄榄褐色或黄褐色,有4条黄绿色纵带;四肢背面黄绿色或黄褐色,有深褐色横纹,背面满布圆形刺疣;腹面肉白色,咽喉部有灰色云斑,肛周围密布圆疣。

栖于海拔1000~2100 m山区小型溪流内,周边围绕着亚热带森林,成蛙栖于森林边溪中石上或水塘边长满苔藓的石上,少数在溪流旁石下或溪边石壁上。夜间常蹲在溪边捕食。繁殖期5—6月。

中国特有种,分布于西藏。

叉舌蛙科 Dicroglossidae,花棘蛙属 *Maculopaa*
中国红色名录:易危(VU)
全球红色名录:濒危(EN)

波留宁棘蛙
Paa polunini

雄蛙体长28～43 mm，雌蛙体长36～53 mm。头扁平，头长等于或略小于头宽，吻端圆，吻棱显著，眼间的横肤沟明显，鼓膜圆形；体背面皮肤光滑，背侧褶细，由眼后延伸至体背后部，颞褶粗壮宽厚；指端圆球状，掌突3个，无跗褶，趾端圆，趾间具全蹼；腹面光滑。体背面褐色无斑，有深浅变异，体侧黑褐色斑点较多或无，四肢背面无斑纹；体和四肢腹面黄白色，咽、胸部有小斑点。

生活于海拔2600～3900 m高山林地河滩的泉水坑内。繁殖期5—6月，产卵于水中石块下。

我国分布于西藏，国外分布于尼泊尔。

叉舌蛙科 Dicroglossidae，棘蛙属 *Paa*
中国红色名录：易危（VU）
全球红色名录：无危（LC）

棘肛蛙
Unculuana unculuanus

体较肥硕,雄蛙体长70～78 mm,雌蛙体长71～84 mm。头宽略大于头长,略呈三角形,头顶较平坦,吻端较圆,超出下颌,吻棱明显,颊部向外倾斜,鼓膜之皮肤较厚,外观不甚清晰,犁骨齿发达;皮肤光滑,眼后至胯部背侧褶细直,枕部有黑褐色横纹,体背面多为褐色,有分散的深褐色斑,体侧黑褐色,向下色渐浅;四肢背面有黑横纹;体腹面色黄,肛上方有很明显的横肤褶,肛周围有圆疣或长疣。

生活在海拔1650～2200 m山地林区山箐溪流、水塘及倒伏的树干下。7月产卵。

中国特有种,分布于云南。

叉舌蛙科 Dicroglossidae,棘肛蛙属 *Unculuana*
中国红色名录: 濒危(EN)
全球红色名录: 易危(VU)

隆肛蛙
Feirana quadranus

体肥硕，雄蛙体长79～89 mm，雌蛙体长85～97 mm。头宽大于头长，吻较圆，吻棱明显，鼓膜小而不显，眼后方有一条横肤沟；除头顶部较光滑外，体背及四肢背面、体侧满布分散疣粒；四肢背面有肤棱，前肢细，后肢长，趾间满蹼；体和四肢腹面光滑。背面多为灰黑褐或橄榄绿而略带黄色，体侧棕黄色具黑褐色云斑，颌缘纵纹及四肢背面横纹清晰；腹面多为鲜黄色或黄白色，有棕色斑点，四肢腹面橘黄色。雄蛙肛部周围皮肤隆起呈方形泡状，指上无婚刺，前臂、胸、腹部无刺，亦无声囊和雄性线。

生活于海拔335～1830 m山区大小溪流或沼泽地的水坑或其附近灌木、草丛地带。成体白天多隐伏于清澈溪底的石缝间、石块下或小瀑布下的石洞内，受惊扰即潜入水底石块下或腐叶、泥沙中，夜晚常蹲在石块上或草丛中，捕食昆虫等小动物。

中国特有种，分布于四川、重庆、陕西、甘肃、湖南、湖北。

叉舌蛙科 Dicroglossidae，隆肛蛙属 *Feirana*
中国红色名录：近危（NT）
全球红色名录：近危（NT）

邦达倭蛙 新种
Nanorana bangdaensis sp. nov.

雄蛙体长30～40 mm，雌蛙体长23～44 mm。头长约等于头宽，吻端突出于下颌，鼓膜不明显，颞褶厚，平直地伸向肩部上方；背部皮肤较光滑，有少量短疣或皮肤褶。体侧有小疣粒；四肢背面皮肤光滑，前肢较粗壮，指端钝圆，趾端略尖细，趾间蹼发达；腹面光滑，仅肛周围有扁平疣粒。体背显绿色，斑纹深褐色；腹面米黄色。雄性皮肤较粗糙，第1指有发达的婚垫，胸部有一对黑色的椭圆形刺团。

生活于海拔3000～4500 m的高山沼泽地、路边水沟、水坑或池塘边草地。

中国特有种，分布于西藏。

叉舌蛙科 Dicroglossidae，倭蛙属 *Nanorana*

高山倭蛙
Nanorana parkeri

雄蛙体长30.3～39 mm，雌蛙体长22.9～44.3 mm。头长约等于或略小于头宽，吻端圆，显著突出于下颌；皮肤粗糙，背面有长短不等但排列规则的长疣，体侧和后肢上有小疣粒，颞褶厚，平直地伸向肩部上方；前肢较粗壮，皮肤光滑，指端钝圆，后肢长短适中，趾端略尖细，趾间蹼发达。腹面光滑，仅肛周围有扁平疣粒。体色变化大，背面绿色或深绿色，斑纹深棕色或深褐色；腹面米黄色。雄性第1指有发达的婚垫，胸部有一对黑色的刺团。

生活于海拔2850～4500 m高山湖泊、河流、沼泽地、路边水沟、水坑或池塘边草地。成蛙多栖于水草丛中或水边泥洞内或石下。繁殖期5—7月，卵群分散产于水草上。

我国分布于西藏，国外分布于尼泊尔。

叉舌蛙科 Dicroglossidae，倭蛙属 *Nanorana*
中国红色名录：无危（LC）
全球红色名录：无危（LC）

倭蛙
Nanorana pleskei

　　雄蛙体长28～35 mm，雌蛙体长33～41 mm。头长宽几乎相等，吻端钝尖，吻棱不显，鼓膜小；皮肤粗糙，颞褶显，无背侧褶，体背部长短疣粒明显，沿脊线两侧的长疣排列规则；后肢短，第4趾约具2/3蹼，外侧趾间微具蹼；咽、胸及腹前部光滑，腹后端有扁平疣。体和四肢背面橄榄绿色、黄绿色或深绿色，有深棕色或黑褐色大椭圆斑，其边缘镶有浅色纹，背脊中央多有一条黄绿色细纵纹；腹面米黄色，无斑点。雄性第1、2指上有绒毛状婚垫，胸部有一对刺团，无声囊和雄性线。

　　生活于海拔3300～4500 m高原沼泽地、水坑、池塘、山溪或其附近。成蛙白天隐蔽于沼泽地的草墩下、溪边、坑池旁石块下或草丛中；夜间蹲于水边、草间及空旷地。成蛙多以鞘翅目和直翅目等昆虫及其幼虫为食。繁殖期5—6月。

　　中国特有种，分布于四川、甘肃、青海、西藏。

叉舌蛙科 Dicroglossidae，倭蛙属 *Nanorana*
中国红色名录：无危（LC）
全球红色名录：近危（NT）

腹斑倭蛙
Nanorana ventripunctata

　　小型蛙，雄蛙体长39～47 mm，雌蛙体长41～51 mm。头宽大于头长，吻端钝圆且突出于下唇，吻棱明显，自吻端至颞褶下方有一条深色纵纹；背面橄榄棕色或灰棕色，有不规则的深褐色或黑色斑点；四肢背面有黑褐色斑点；腹面灰白色，咽喉部、腹部及四肢腹面有分散的灰褐色或黑褐色小斑点。皮肤粗糙，背面、头部及上颌缘光滑，其余部位有大小疣粒，背面有长短不一的肤棱，一般疣上小白刺缀连成行，颞褶细但清晰；腹面平滑。雄蛙在产卵季节有大小不同的棕黑色刺团。
　　生活在海拔3120～4100 m高原地貌河流、溪流的水塘、浅水坑，湖泊边缘等静水水域内。白天隐匿在草丛或水边石下，多在夜间活动。卵产于静水塘内。繁殖期5—8月。
　　中国特有种，分布于云南。

叉舌蛙科 Dicroglossidae，倭蛙属 *Nanorana*
中国红色名录：无危（LC）
全球红色名录：无危（LC）

棘腹蛙
Quasipaa boulengeri

体形肥大，雄蛙体长92～106 mm，雌蛙体长102～120 mm。头宽大于头长，吻端圆，略突出于下唇，吻棱不显，鼓膜可见，上颌缘及颞部有密集的小白刺粒，口角及其上方疣粒多而明显；体背面皮肤粗糙，长形疣排成纵行，行间有小圆疣和痣粒，疣上有小黑刺，头部、体侧和四肢背面有分散的小黑刺疣，枕部有横肤沟。体背面土黄色或浅棕黄色，上下唇有黑色纵纹，两眼间一般有一条黑色横纹；四肢背面黑色横纹清晰；腹面酱紫色。雄蛙胸部有明显的2个黑色刺团，刺团间距宽，刺基部为肉质疣状隆起，腹侧疣多而密，咽部刺粒稀少；雌蛙腹面光滑。

生活在海拔300～1900 m山区的山溪多石的环境中。白天隐匿于溪底的石块下、溪边石缝或瀑布下石洞内；晚间蹲于石块上或伏于水边。以捕食昆虫为主。卵多产于溪流、瀑布下水坑内。

中国特有种，分布于四川、重庆、贵州、云南、广西、陕西、甘肃、江西、湖南、湖北。

叉舌蛙科 Dicroglossidae，棘胸蛙属 *Quasipaa*
中国红色名录：易危（VU）
全球红色名录：濒危（EN）

合江棘蛙
Quasipaa robertingeri

体形肥硕，雄蛙体长约87 mm，雌蛙体长约86 mm。头宽大于头长，吻端圆，吻棱不显，鼓膜略显；头顶和体背光滑，背部有纵形长疣和小刺疣，眼后有一横肤沟，体侧疣粒密集而显著，多数疣上具1枚小黑刺；四肢背面疣少，前、后肢粗壮，指、趾端球状；后肢长而壮，趾间具全蹼；雌蛙腹面光滑。体色变异较大，背面一般为棕黄色、深褐色、灰褐色、红褐色或有浅色斑，两眼间有一棕黑色横纹，上、下唇缘具深褐色纵纹；四肢背面有细横纹；体腹面灰色或灰紫色或肉白色。雄性前臂极粗壮，内侧2指或3指有锥状黑刺，胸、腹部满布大小刺疣，具单咽下内声囊，背侧有雄性线。

生活于海拔650～1500 m的山溪及其附近，溪水清澈、石块甚多，两岸植被繁茂，多为常绿乔木和灌丛。成蛙白天隐蔽于岸边石下或土洞潮湿环境中，夜间多栖于溪岸边石上或草丛中，繁殖期5—8月。蝌蚪栖息于溪流水凼内。

我国分布于四川。

叉舌蛙科 Dicroglossidae，棘胸蛙属 *Quasipaa*
中国红色名录：易危（VU）
全球红色名录：濒危（EN）

棘侧蛙
Quasipaa shini

体形肥大，雄蛙体长89～115 mm，雌蛙体长87～109 mm。头宽大于头长，吻端钝圆，稍突出于下颌，吻棱不显，颊部向外倾斜，鼓膜明显，颞褶自眼后角沿鼓膜背缘向后斜向肩胛部；背部和体侧皮肤较粗糙，布满长疣并成纵行排列，其间杂有小刺疣，头及四肢背面皮肤较光滑，颞褶粗厚，枕后有明显的横肤沟。雄蛙胸部有大小不一的肉质疣，大疣分布规则，疣粒在胸部中线两侧略向两侧肩峰处倾斜，大多数疣粒上有1枚小黑刺，多的可达3～8枚；雌蛙腹面皮肤光滑。

栖息在海拔510～1500 m山区林木茂盛的溪流、瀑布下或山溪岩石上，白昼隐藏在石缝中，雨后或夜晚外出，蹲在溪边石块上觅食。蝌蚪生活在山涧内。

中国特有种，分布于贵州、重庆、广西、湖南。

叉舌蛙科 Dicroglossidae，棘胸蛙属 *Quasipaa*
中国红色名录：易危（VU）
全球红色名录：濒危（EN）

棘胸蛙
Quasipaa spinosa

　　雄蛙体长84～102 mm，雌蛙体长82～86 mm。两眼间有深色横纹，自吻端至颞褶到腹侧有一条深色纵纹；背面棕黑色，多数个体有不规则浅色斑，少数雄蛙自吻端至肛前有一条浅色脊线，多数个体体侧自眼后至胯部有一对浅色纵纹；四肢背面黑褐色，指、趾端部如是；腹面肉紫色，有灰褐色小云斑。通身背部皮肤粗糙，有长短不一的长疣和圆疣，其间有许多小痣粒，疣上有黑刺；四肢背面有小圆疣，其上有黑刺，颞褶显著；雄蛙胸部有大片肉质刺疣，咽部、腹前部亦有刺疣；雌蛙腹面皮肤光滑。
　　生活于海拔200～1500 m常绿阔叶林、开阔的山地或村庄旁的山溪中，溪底多巨石，白昼隐于石缝下，夜间多蹲在岩石上伺机捕食昆虫、蜈蚣、蟹等小型动物；繁殖期5—9月，产卵于水中石下。
　　我国分布于贵州、云南、广西、安徽、江苏、浙江、江西、湖南、湖北、福建、广东、香港，国外越南或老挝可能有分布。

叉舌蛙科 Dicroglossidae，棘胸蛙属 *Quasipaa*
中国红色名录：易危（VU）
全球红色名录：易危（VU）

多疣棘蛙
Quasipaa verrucospinosa

体形甚肥硕，雄蛙体长91～117 mm，雌蛙体长83～114 mm。头宽扁，头宽大于头长；吻端圆，吻棱不显，瞳孔菱形，颞褶明显，鼓膜小而明显；体和四肢背面粗糙，眼后方有横肤沟；背部有数行长短不一的肤棱，其间有许多小圆疣，上有黑刺，无背侧褶，体侧有5～6个大白色疣粒；前肢粗壮，指端略膨大，似吸盘状，后肢较长，趾间具全蹼或满蹼；肛周围及其下方有许多小白疣。背面浅褐色或褐色，疣粒部位褐黑色，四肢横纹不显或隐约可见；咽喉部有浅棕斑，体腹部和前后肢腹面均为灰白色或黄色，有的有灰色斑。雄蛙前肢粗壮，颌部和胸部满布疣粒，其上无黑刺，第1指背面有黑色婚刺，具单咽下内声囊，无雄性线。

生活于海拔250～2300 m山区林间溪流及其附近，所在环境植被茂密，以常绿阔叶林、灌丛和竹类等为主；溪流内水质清澈，大小石头甚多。白天多隐蔽在溪边石下或洞穴内，夜间常蹲在水中或岸上长有苔藓的石头上伺机捕食。

我国分布于云南，国外分布于越南、老挝。

叉舌蛙科 Dicroglossidae，棘胸蛙属 *Quasipaa*
中国红色名录：易危（VU）
全球红色名录：近危（NT）

尖舌浮蛙
Occidozyga lima

体小，雄蛙体长20～23 mm，雌蛙体长27～35 mm。瞳孔酱紫色，略呈方形，颞褶可见，斜达肩基部，鼻间起至躯干后端有较宽的浅棕色脊线；体背面灰绿色或棕绿色，背部及四肢上有不规则的黑色花斑或斑点，大腿后方有显著的棕色纵纹；腹面白色。皮肤粗糙，通体背面及四肢背面有大小不等的刺疣，体侧、股后、肛周及胫背面圆疣更显著；咽部及腹面有光滑的大圆疣，有的咽下两侧及股前各有一对黄色腺体。

生活于海拔10～750 m草地、森林边缘的池塘、水坑、沼泽、稻田、沟渠及其附近，多有水生植物。成蛙常伏于水草上或漂浮于水面鸣叫，声音颇大；蝌蚪底栖，极难发现。

我国分布于云南、广西、江西、福建、广东、海南、香港，国外分布于印度、孟加拉国、缅甸、泰国、老挝、越南、柬埔寨、马来西亚、印度尼西亚。

浮蛙科 Occidozygidae，浮蛙属 *Occidozyga*
中国红色名录：易危（VU）
全球红色名录：无危（LC）

圆蟾舌蛙
Occidozyga martensii

体形小而肥圆，雄蛙体长19～22 mm，雌蛙体长23～28 mm。头小，吻端钝圆，无吻棱，鼓膜轮廓清晰，两眼后方有一横肤沟，舌后端圆，颞褶明显；背面皮肤粗糙，头体及四肢满布大小圆疣并排列成行，疣粒顶端呈白色丘疹状突起；前肢粗壮，指、趾末端圆，后肢粗短，第4趾蹼达第2关节下瘤，其余趾蹼均达趾端；体腹面较光滑。体色变异大，背面多为浅棕色、棕红色或灰棕色，散有深色斑点，有的个体背正中有一镶浅色边的深棕色宽脊纹；腹面白色，股后没有黑色线纹。雄蛙第1指有乳白色婚垫，具单咽下内声囊，有雄性线。

生活于海拔1000 m以下长满杂草的溪流边、路边、山间洼地、稻田边的小水塘、水坑或其附近。成蛙常隐蔽在茂密的草丛中，黄昏时鸣声四起。蝌蚪底栖于长满杂草的浅水洼地内或稻田内。

我国分布于云南、广西、海南、广东，国外分布于泰国、柬埔寨、老挝、缅甸、越南、马来西亚。

浮蛙科 Occidozygidae，浮蛙属 *Occidozyga*
中国红色名录：近危（NT）
全球红色名录：无危（LC）

克钦湍蛙
Amolops afghanus

雄蛙体长约41 mm，雌蛙体长约77 mm。头扁平，吻高成棱角状，显著突出于下唇，吻棱明显，颊部有凹陷，鼓膜小而圆；颞褶弱而明显，无背侧褶；指细长，后肢长，指端均具吸盘及边缘沟，趾间具全蹼或满蹼；腹面皮肤光滑，或除咽、胸部光滑外，腹部、股基部有较背部小的疣粒。雄蛙体背、体侧和四肢背面均散以圆疣，体侧的较体背部的大，具咽侧下外声囊；雌蛙体背面较光滑。背面橄榄绿色，散杂以棕褐色或褐灰色花斑；四肢背面有深色横纹；腹面乳黄色。

生活于海拔330～1500 m山溪及其附近。

我国分布于云南，国外分布于缅甸北部。

蛙科 Ranidae，湍蛙属 *Amolops*
中国红色名录：数据缺乏（DD）

阿尼桥湍蛙
Amolops aniqiaoensis

雄蛙体长约52 mm。头部扁平，头长略大于头宽，吻长略大于眼径，吻棱明显，鼓膜不明显，下颌前端有齿状骨突；体背面皮肤光滑，背侧褶平直，胫部有纵肤棱，在腰部和肛门周围满布小痣粒，有的个体沿体背两侧可达前肢前缘；后肢细长，各指均具较小吸盘，具全蹼；腹面浅黄色，下颌咽喉部及前胸部有云斑，前胸部有一个"八"字形斑。

常见于海拔800～1500 m较大溪流的河岸边岩石上。

中国特有种，分布于西藏、云南。

蛙科 Ranidae，湍蛙属 *Amolops*
中国红色名录： 无危（LC）
全球红色名录： 易危（VU）

片马湍蛙（丽湍蛙）
Amolops bellulus

体形小，雄蛙体长46～50 mm，雌蛙体长约64 mm。头扁平，头长大于头宽；体背暗绿色或沙黄色，具云状橄榄绿色或橄榄棕色斑点或小斑块，自吻端经颊区至肩上方有一条宽的黑带，背侧褶沙黄色，其侧下黑色，一条白色带自上颌缘延至肩部，腋后蓝绿色至橄榄绿色，背侧和四肢侧面棕色，腿部有3～4条横斑和云状斑点，第1指端具小吸盘，且无边缘沟，趾间蹼棕色，有深棕色斑点；咽喉部和腹面乳黄色。体背皮肤光滑，痣粒小而圆，无颞褶，背侧褶宽而扁平。雄蛙无声囊。

生活于海拔1540～1620 m山区溪流及附近。成蛙白天隐匿于石下，夜间蹲伏在大的岩石上，受惊扰时，立即跳进水中。

中国特有种，分布于云南。

蛙科 Ranidae，湍蛙属 *Amolops*
中国红色名录：易危（VU）
全球红色名录：数据缺乏（DD）

丙察察湍蛙 新种
Amolops binchachaensis sp.nov.

体扁平而细长，雄蛙体长约50 mm，雌蛙体长约65 mm。头扁平，吻棱清楚，鼓膜较大；背面皮肤光滑，无颞褶，背侧褶窄，向后不达胯部；前肢外侧3个指吸盘大，具边缘沟，趾有吸盘和边缘沟，趾间具全蹼。头体背面为浅黄色，具褐色云碎斑点，吻棱下和眼后至腋部黑色；背侧褶下缘黑色，上颌白色，体侧与体背浅黄色；四肢背面浅黄色，后肢有黑横纹3～4条；咽喉至胸前部乳黄色，腹部和四肢腹面乳黄色。雄性第1指有绒毛状婚垫，无声囊。

生活于海拔2000 m左右山区小溪流及其附近。成蛙白天隐匿于石下，夜间蹲伏在大的岩石上，受惊扰时，立即跳进水中。

中国特有种，分布于云南西北部。

蛙科 Ranidae，湍蛙属 *Amolops*

星空湍蛙
Amolops caelumnoctis

雄蛙体长71～74 mm，雌蛙体长78～91 mm。头体扁平，头宽小于头长但大于体宽，吻略突出于下颌，吻棱圆，颊部凹陷，几乎垂直，鼓膜小而明显；整个身体皮肤光滑，无疣粒，无背侧褶，颞褶细而不明显；前肢长而略粗，指关节下瘤大，椭圆形，后肢细长，指间无蹼，趾间具全蹼。整个背面为暗紫色，满布不规则黄色小圆斑点，雄性的较小，雌性的较大；四肢背面无横纹，趾间蹼黄色；咽、胸部为浅蓝色或为白色，具有黑色斑驳，前腹部浅灰色，后腹部具黑灰色斑驳。雄性第1指具绒毛状婚垫，无声囊和声囊孔。

生活于海拔约2400 m茂密的山地混交林区的溪流内，水位高，岩石多，溪底多沙石，环境多雨、多浓雾。成体白天隐藏于溪流旁石块缝隙中，夜晚多见于急流中瀑布附近的岩石上。繁殖期3—5月，在流水中抱对产卵。

我国分布于云南东南部，国外分布于越南北部。

蛙科 Ranidae，湍蛙属 *Amolops*
中国红色名录：数据缺乏（DD）
全球红色名录：无危（LC）

察隅湍蛙
Amolops chayuensis

　　头部扁平，长宽几乎相等，吻端圆，超出下颌，吻棱明显，颊部几乎垂直，鼓膜清晰明显；后肢长，趾端均膨大为吸盘，各趾均具横凹痕。皮肤光滑，背部草绿色，有不规则的棕色斑点，沿吻棱、颞褶、背褶线覆盖褐色条斑，背褶条斑较粗，外缘为不规则曲线；腹部浅黄色，肛门周围有疣粒。雌性体侧上半部绿色，下半部由浅绿与黑色云状斑镶嵌而成，咽部和胸部布满小而不规则的斑点，胸前有"U"形斑，肛门附近橘红色；雄性体侧浅绿色具棕色斑点，四肢背面为橄榄绿色，后肢有褐色横斑纹，腹部无斑。

　　生活于海拔2070 m左右的湍急山溪内，溪流水面宽2～3 m，溪流两侧为次生灌木林，环境潮湿。白天多栖息于溪边岩石上，在受到惊扰后，立即跳入水中，并潜入水中石块下。

　　中国特有种，分布于西藏。

蛙科 Ranidae，湍蛙属 *Amolops*
中国红色名录：数据缺乏（DD）
全球红色名录：数据缺乏（DD）

崇安湍蛙
Amolops chunganensis

体形较小，雄蛙体长39～40 mm，雌蛙体长约44 mm。吻较长，自吻端沿吻棱下至鼓膜深棕色，沿上唇至肩部各有一条乳黄色线纹，下唇缘色浅；背面皮肤粗糙，橄榄绿色，或橄榄棕色，或红棕色，有不规则的深色小斑，具角质颗粒，背侧褶明显，无颞褶，体侧绿黄色或乳黄色具浅棕色云斑；四肢背面棕色，有规则的深色横纹；腹面皮肤光滑，浅黄色，多数个体咽喉部及胸部有深色云斑。

栖息于海拔700～1900 m林木繁茂的山区。非繁殖期分散栖于林间，繁殖期5—7月，此期成蛙大量群集于溪流内抱对产卵，曾在一瀑布下发现125对。蝌蚪用口吸盘吸附在石头底面，在急流中不会被冲走。

中国特有种，分布于四川、重庆、贵州、广西、陕西、甘肃、浙江、湖南、福建、广东。

蛙科 Ranidae，湍蛙属 *Amolops*
中国红色名录：无危（LC）
全球红色名录：无危（LC）

棘皮湍蛙
Amolops granulosus

雄蛙体长约40 mm，雌蛙体长约52 mm。头部扁平，头长略大于头宽，鼓膜小而清晰；雄蛙体和四肢背面粗糙，满布小白刺，雌蛙皮肤光滑，刺很少；眼后角至胯部有断续腺褶，似背侧褶，其上白刺排列成行；前肢第1指端膨大而无沟，其余各指吸盘大，有边缘沟，后肢长，各趾均具吸盘和边沟。体背面紫褐色或绿色，有少数绿或紫褐色斑点，四肢背面有黑色横纹；腹面乳黄色。雄蛙第1指婚垫发达，有一对咽侧下内声囊，无雄性线。

生活于海拔700～2200 m山地林区，非繁殖期分散于森林下草地内，繁殖期汇集到溪流内配对产卵，有时可在一段溪流见到上千只成蛙，9月为繁殖高峰。蝌蚪以腹吸盘附石块底面。

中国特有种，分布于四川、湖北。

蛙科 Ranidae，湍蛙属 *Amolops*
中国红色名录：近危（NT）
全球红色名录：无危（LC）

绿湍蛙（中国新记录）
Amolops iriodes

体小扁平，吻棱明显，颊部几乎垂直，鼓膜明显；皮肤光滑，颞部有小疣粒，雄性无，颞褶、背褶明显；前臂关节下瘤和指基下瘤明显，无跗褶，后肢长，趾有吸盘，除第4趾蹼达第3关节下瘤后缘膜外，其余各趾为全蹼。体背草绿色，有不规则的黑色斑点，沿吻棱、颞褶、背褶线覆盖黑色条斑；四肢背面橄榄绿色，后肢有褐色横斑纹。雄性体侧浅绿色有棕色斑点，腹部浅黄色无斑；雌性腹面浅绿与黑色云状斑镶嵌，咽部、胸部布满小而不规则的斑点，胸前有"U"形斑，肛门附近橘红色。

栖息于海拔1400～1700 m的常绿阔叶林，见于溪流旁潮湿并长满苔藓的岩石上、溪流上方的小树枝上或池塘底部的石块下。

我国分布于云南，国外分布于越南。

蛙科 Ranidae，湍蛙属 *Amolops*
全球红色名录：数据缺乏（DD）

金江湍蛙
Amolops jinjiangensis

体形小，雄蛙体长44～54 mm，雌蛙体长58～65 mm。头长略大于头宽，吻端圆，超出下颌，吻棱显著；体色有变异，一般以绿色为主，杂以棕色斑点。皮肤粗糙，头顶和体背前部光滑，体侧、体背后部和股、胫背面具有大小不等的圆形疣和痣粒，部分个体有浅色脊线，颞褶明显，背侧褶断续续直至肛前上方，该侧褶有粗大腺体；四肢背面具横纹；咽、胸部有深色云斑，肛周有一对大疣粒，腹面后部及股基部具扁平疣。

栖息于金沙江河谷两旁海拔1400～3000 m林中小型山溪中。

中国特有种，分布于云南、四川。

蛙科 Ranidae，湍蛙属 *Amolops*
中国红色名录：无危（LC）
全球红色名录：无危（LC）

理县湍蛙
Amolops lifanensis

雄蛙体长约54 mm，雌蛙体长约71 mm。头长宽几乎相等，吻端圆，吻棱不显，颞褶明显，鼓膜不明显；皮肤光滑无刺，无背侧褶，仅体侧有稀疏小痣粒；第1指指端膨大无马蹄形边缘沟，其余各指吸盘大均有边缘沟，后肢长，各趾均具吸盘和边缘沟；腹面光滑，肛门附近和股基部疣粒较多。体背面黄蓝灰色，杂以黑色或黑棕色云斑，有的个体四肢上有规则的横纹；腹面白色，咽喉部紫灰色。雄蛙第1指有大婚垫，无声囊，无雄性线。

生活于海拔1300～3400 m中型溪流内或其附近，白天难见其踪，夜间多蹲在溪边石头上，头部朝向水面。繁殖期7—8月。小蝌蚪多栖于山溪水坑边缘，大蝌蚪则栖于较大山溪或深水内。

中国特有种，分布于四川。

蛙科 Ranidae，湍蛙属 *Amolops*
中国红色名录：无危（LC）
全球红色名录：无危（LC）

棕点湍蛙
Amolops loloensis

体形中等，雄蛙体长54～62 mm，雌蛙体长70～78 mm。头部有圆形或椭圆形红棕色斑；体背及体侧深绿色，体侧有红棕色小圆点；前肢背面有红棕色斑或横纹，后肢背面有较细但整齐的横纹，指、趾端色浅，蹼膜浅橘红色；咽喉部、腹面及四肢腹面为肉黄色或灰黄色。皮肤较光滑，头侧、口角后及体侧有浅色小疣粒，颞褶明显；肛周及股后部有成群的小疣粒，腹面光滑。雄蛙有雄性线。

生活在海拔1300～3400 m山区林地或草地溪流内。成蛙白天隐蔽在溪边石下或土洞内，黄昏后多蹲在水中或岸边石上，受惊扰后立即跃入溪水中。繁殖期5月中旬—6月中旬。蝌蚪在溪内石下。

中国特有种，分布于四川、云南。

蛙科 Ranidae，湍蛙属 *Amolops*
中国红色名录：易危（VU）
全球红色名录：易危（VU）

四川湍蛙
Amolops mantzorum

雄蛙体长约53 mm，雌蛙体长约68 mm。头扁平，头长略小于头宽，吻端圆，颞褶较明显，鼓膜小而明显；体背面皮肤光滑，无背侧褶，头侧及肛周围有少数疣粒，体和四肢腹面皮肤光滑；第1指指端膨大无边缘沟，其余各指均有大吸盘和边缘沟，后肢细长，各趾均具吸盘和边缘沟，第4趾蹼达第3关节下瘤，其余趾为全蹼。体色变异颇大，背面绿色、棕褐色或蓝绿色，有不规则棕色或绿色花斑，体侧及四肢背面具黑斑纹；咽、胸部乳白或灰黑色，四肢腹面肉黄色，有的有云状斑，腹部乳白或乳黄色。雄蛙第1指具大婚垫，无声囊，无雄性线。

生活于海拔1000～3800 m的大型山溪、河流两侧或瀑布下，周边有树林或灌丛，数量较多；白天常栖于溪河岸边石下，夜间多蹲在溪内或岸边石上，常常头向溪内；繁殖期较长，而且随海拔高低有所不同。蝌蚪在大小溪流中均见到，大蝌蚪多吸附在急流内石上。

中国特有种，分布于四川、云南、甘肃。

蛙科 Ranidae，湍蛙属 *Amolops*
中国红色名录：无危（LC）
全球红色名录：无危（LC）

西域湍蛙
Amolops marmoratus

  体形中等，雄蛙体长约42 mm，雌蛙体长约77 mm，背腹扁平。上唇色浅，眼前下方有一斑块；体背橄榄绿或略呈现暗绿色，背面有不规则黑棕色圆斑；四肢背面有黑色横纹。体背面、背侧、腹面有小疣，背部的稍大。

  生活在海拔100～2000 m常绿阔叶林中山溪急流瀑布及其附近，常见于水底或水中石块下。

  我国分布于云南、西藏，国外分布于泰国、缅甸、孟加拉国、尼泊尔、不丹、印度。

蛙科 Ranidae，湍蛙属 *Amolops*
全球红色名录：无危（LC）

墨脱湍蛙
Amolops medogensis

大型湍蛙，雄蛙体长约95 mm，雌蛙体长约93 mm。吻棱不平行，吻长大于眼径，鼓膜小而圆，有较明显的眶；体和四肢背面皮肤光滑，有细小痣粒，无背侧褶，体侧上部有痣粒，下部较光滑。体背面和体侧为橄榄绿色有褐色斑纹，或为深棕色有黄绿色细小斑点；四肢背面有深棕色与黄绿色或橄榄绿色与褐色相间横纹，趾间蹼棕色。雄性无外声囊。

生活于海拔700～1820 m山溪瀑布下及周边岩石上。

中国特有种，分布于西藏、云南。

蛙科 Ranidae，湍蛙属 *Amolops*
中国红色名录：无危（LC）
全球红色名录：濒危（EN）

勐养湍蛙
Amolops mengyangensis

雄蛙体长39～40 mm，雌蛙体长约60 mm。头扁平，长大于宽，吻长而尖圆，吻端突出于下唇，吻棱平直，颊部垂直，鼓膜大而清晰，颞褶不明显；背侧褶平直而显著；后肢细长，趾端扁平具吸盘及横沟，第4趾蹼达远端关节下瘤，其余各趾为全蹼。皮肤光滑，整个背面无任何痣粒和疣粒；体侧及腹部皮肤光滑。雄蛙体小，前臂较粗，第1指基部婚垫大，具极细小白刺。

生活在海拔680～1900 m热带森林溪流及其附近林地中，常见于小瀑布下半露头的岩石上，在水质清澈的流水中抱对产卵。

我国分布于云南、广西，国外分布于老挝、越南。

蛙科 Ranidae，湍蛙属 *Amolops*
全球红色名录：无危（LC）

林芝湍蛙
Amolops nyingchiensis

雄蛙体长49～58 mm，雌蛙体长58～71 mm。头甚高，头长略大于头宽，吻端较圆，微突出于下唇，吻棱极明显，鼻间距大于眼间距，鼓膜明显；皮肤光滑，体侧及腹面光滑，有背侧褶，颞褶宽厚；前臂指端有吸盘和横沟，后肢细长，趾端均具吸盘和横沟，吸盘略小于趾吸盘。体色变化大，背面棕褐色或浅土黄色，散有不规则棕色斑，上唇缘有一断续黑线纹，颊部至上臂基部有土黄色纵带纹，体侧前半棕黑色，后半墨绿色；上臂及股、胫部可见深色横纹；咽喉部肉红色散布有不规则小斑，腹部浅黄色散有深色小斑。

生活于海拔1887～2491 m环境阴湿、陡峭、水流急的溪流及其附近，周围植被茂盛，溪内石块上长满苔藓，地面杂草丛生，落叶丰富。常见于溪流边缘或溪中，特别是瀑布旁、岩石上或朽木下。繁殖期6—9月。

我国分布于西藏，国外分布于印度、尼泊尔。

蛙科 Ranidae，湍蛙属 *Amolops*
中国红色名录：无危（LC）
全球红色名录：近危（NT）

华南湍蛙
Amolops ricketti

雄蛙体长约56 mm，雌蛙体长约58 mm。头部扁平，头宽略大于头长，吻端钝圆，颞褶平直，鼓膜小不显，有犁骨齿；皮肤粗糙，背面满布大小痣粒或小疣粒，无背侧褶，颞褶平直；指末端均具吸盘及边缘沟，后肢长，各趾均具吸盘和边缘沟，趾间具全蹼。体背面灰绿或黄绿色，满布不规则深棕或棕黑色斑纹；四肢具棕黑色横纹；腹面黄白色，咽、胸部有深灰色大理石斑纹。雄蛙第1指基部具乳白色婚刺，无声囊，无雄性线。

生活于海拔410～1520 m林区山溪内或其附近。白天少见，夜晚在急流处石上或石壁上，因背面颜色与石块或崖壁颜色相似，不易被发现。成蛙捕食各种昆虫及其幼虫等。繁殖期5—6月。蝌蚪生活在急流中，吸附在石头上。

我国广泛分布于长江以南地区，国外分布于越南。

蛙科 Ranidae，湍蛙属 Amolops
中国红色名录：无危（LC）
全球红色名录：无危（LC）

平疣湍蛙
Amolops tuberodepressus

　　雄蛙体长48～56 mm，雌蛙体长61～70 mm。体略宽扁，头部扁平，头长略大于头宽或几乎相等，吻圆形，略超出下颌，吻棱明显圆形，颊部微凹，鼓膜明显，颞褶肥大；头侧、体侧有少数疣粒，肛门附近有少数较大疣粒。背面皮肤平滑，体色变异大，头及背部绿色或暗绿色、蓝绿色，有不规则棕色花斑，花斑上有分散的黑色，体侧、四肢背面绿色或蓝绿色，有不规则深色花斑或横纹；咽、胸部有深灰色花斑或网纹，腹面及四肢腹面乳黄色。雄蛙第1指有大婚垫，无声囊。

　　栖息于海拔1500～2500 m亚热带山区常绿林或常绿阔叶林间急流山溪中的小瀑布附近或小水塘中，喜在隐蔽的岩石上或离地面近的植物小枝叶上停留。

　　中国特有种，分布于云南。

蛙科 Ranidae，湍蛙属 *Amolops*
中国红色名录：无危（LC）
全球红色名录：易危（VU）

绿点湍蛙
Amolops viridimaculatus

体形较大，雄蛙体长55～79 mm，雌蛙体长78～91 mm。头体扁平，头宽略大于头长，吻圆形，超出下颌，吻棱圆形，颊面凹入，鼓膜小而圆，颞褶粗厚而弯曲；后肢长，前伸时胫跗关节达鼻孔至吻端。整个背面棕色，背面和体侧有分散的近圆形或椭圆形绿斑。雄蛙体较小，前臂粗壮，第1指基部具乳黄色婚垫，无声囊。

生活于海拔1300～2350 m的山溪内或其附近。成蛙夜间栖于溪流中小瀑布附近，常蹲在潮湿的石壁、灌木枝叶或树根上，受惊扰后跳入溪水中。繁殖期5—7月，5月在溪沟内数量较多，6月以后数量渐少。

我国分布于云南，国外分布于印度、越南。

蛙科 Ranidae，湍蛙属 *Amolops*
中国红色名录：近危（NT）
全球红色名录：近危（NT）

新都桥湍蛙
Amolops xinduqiao

体形中等，雄蛙体长约50 mm，雌蛙体长约70 mm。头长宽几乎相等，吻端圆，吻棱不显，颞褶明显，鼓膜小而清晰。皮肤有痣粒，无背侧褶；第1指指端膨大无马蹄形边缘沟，其余各指吸盘大均有边缘沟，后肢长，胫跗关节前伸达鼻孔前后，各趾均具吸盘和边缘沟，趾间具全蹼；腹面光滑。体背面黄蓝灰色，杂以黑色或黑棕色云斑，四肢上有不规则横纹；腹面白色。雄蛙第1指有大婚垫，无声囊。

生活于海拔3300～3500 m山区河流或大的溪流，生境周围树木、灌木及草丛生长茂盛。成体白天藏于溪边石头下及草丛中，夜晚多蹲在溪边石头上觅食，头部朝向水面。繁殖期9月，蝌蚪多栖于山溪水坑边缘或山溪的深水内。

中国特有种，分布于四川。

蛙科 Ranidae，湍蛙属 *Amolops*
中国红色名录：无危（LC）
全球红色名录：无危（LC）

长趾纤蛙
Hylarana macrodactyla

　　体小，四肢纤细，雄蛙体长约28 mm，雌蛙体长约40 mm。吻长而尖，体背面鲜绿色或深棕色，体背及体侧共有4条或5条黄色纵纹，其间有黑斑纹，体侧色斑黑棕色；四肢背面有深棕色横纹，股后具2条深色沿股骨走向的斑纹；腹部和股部沾黄色，股前、胫跗前缘具深色斑。背侧褶细窄，具颌腺；指、趾端吸盘小，具横沟，胫跗关节前达吻端或略前，趾间蹼不发达。雄蛙婚垫呈浅灰色，无声囊。

　　生活于低海拔地区长满杂草的湖泊、静水洼地、水塘、稻田或溪沟的周边草丛中。成体白天隐蔽在杂草根处或土穴内，极难发现；夜间主要在静水水域附近的杂草间活动或觅食。繁殖期7—9月。

　　我国分布于广西、广东、海南、香港、澳门，国外分布于中南半岛。

蛙科 Ranidae，水蛙属 *Hylarana*
中国红色名录：近危（NT）
全球红色名录：无危（LC）

台北纤蛙
Hylarana taipehensis

体形小而细长，雄蛙体长约29 mm，雌蛙体长约39 mm。吻较长而尖，背褶为金黄色或浅棕色，背侧褶间绿色，褶下有较宽的黑棕色色带，吻至眼前色带较窄，鼓膜色浅，无颞褶；四肢浅棕色，股部有不明显的横纹或无横纹，股后多有深色纵纹2～3条；腹面灰黄色。皮肤较光滑，背侧褶细而平直，褶间散布细小白刺粒，鼓膜后方到体侧有一条浅色的腺褶断续或成行排列；口角后的颌腺有2～5条明显的纵腺褶，股后腺较大；跗部有2条跗褶；腹面皮肤光滑。

生活在海拔800 m以下的静水水域，如溪流、稻田、水塘等环境中，常在水沟、草丛中活动。白天隐蔽在土隙中，晚上可至约1 m高的灌丛叶片上静伏。

我国分布于贵州、云南、广西、台湾、福建、广东、海南、香港，国外分布于越南、柬埔寨、缅甸、泰国、老挝。

蛙科 Ranidae，水蛙属 *Hylarana*
中国红色名录：近危（NT）
全球红色名录：无危（LC）

版纳水蛙
Sylvirana bannanica

体形小而修长，雄蛙体长38～42 mm。背面纯绿色或暗绿色、绿黄色、土黄色，自吻侧、吻棱上眼睑至鼓膜上方有紫灰略带金黄色的线纹，再经鼓膜上方达肩部；体侧、股侧后方和胫内侧有醒目的黑色斑点；上臂后缘常有黑斑，腕、掌、指、胫、足的外侧胯部为金黄色或紫灰色；腹面乳白色，雄蛙下颌部和咽、胸部灰黑色，雌蛙略呈金黄色，胯部和股外侧有显著的黑斑。

生活在海拔600 m左右的静水水域，在水草丰富的水塘中产卵，常在水生植物如睡莲的叶面上鸣叫，单声，声音清而小，同域生活着勐腊水蛙，目前在原已知产地未发现。

我国分布于云南，国外分布于越南、泰国、柬埔寨。

蛙科 Ranidae，水蛙属 *Hylarana*
中国红色名录：易危（VU）
全球红色名录：无危（LC）

河口水蛙
Sylvirana hekouensis

雄蛙体长34~41 mm，雌蛙体长约47 mm。头长略大于头宽，吻部钝圆，突出于下唇，鼓膜明显。皮肤光滑，有小痣粒，体侧疣粒较大，背侧褶较宽，腹面光滑。前臂及指长不到体长之半，指端吸盘小，趾间几乎为全蹼。体背面多为褐色，体后端有4个黑点排列规则，颞部和鼓膜区褐黑色；上下颌缘及颌腺呈浅黄白色，体侧下部有黑褐色斑，股胫部有黑横纹4~6条，股后部满布黑色斑点；腹面乳黄色，咽胸部、股胫部腹面有灰色斑或无斑。雄蛙第1指具婚垫，有一对咽侧下内声囊，体背侧有雄性线，腹侧无。

生活于海拔170~253 m的山区。成蛙栖息于小河两岸，白天隐伏于乔木和杂草遮盖的土洞内或树根下。5月上旬开始繁殖。

我国分布于云南、广西，国外分布于老挝、越南。

蛙科 Ranidae，水蛙属 *Hylarana*
中国红色名录：易危（VU）

黑斜线水蛙
Sylvirana lateralis

雄蛙体长43～53 mm，雌蛙体长51～61 mm。头长大于头宽，吻长而扁平，吻端钝尖，突出于下唇，吻棱显著，鼓膜大；背部光滑，背侧褶显著而整齐，体侧有小圆疣；后肢背面及股后近肛孔有小疣粒，胫背有细的纵肤棱，指、趾端圆略膨大，后肢较长，蹼缘缺刻深；腹面皮肤平滑。头体背部灰绿色，头前部与背侧色较浅，上颌缘至鼓膜后方和背侧褶均为浅棕色，两侧褶间有由左斜向右方的褐色线纹4～11条，吻端至眼前角有一黑线延伸至体后部，头侧及体侧为紫褐色或灰绿色，鼓膜后方及胯部前方各有一块大黑斑；四肢背面紫灰色或灰棕色，后肢有褐黑色横纹；咽喉部及胸部有黑灰色或褐色斑点，腹部及四肢腹面为鱼白色。雄蛙第1指上具婚垫，有一对咽侧下外声囊，体侧有雄性线。

生活于海拔1000 m以下热带原始落叶林区周围有灌木、草地的静水水域或其附近，见于水塘四周杂草中或落叶上。

我国分布于云南南部，国外分布于越南、泰国、缅甸、老挝、柬埔寨。

蛙科 Ranidae，水蛙属 *Hylarana*
中国红色名录：无危（LC）
全球红色名录：无危（LC）

阔褶水蛙
Sylvirana latouchii

　　雄蛙体长36～40 mm，雌蛙体长42～53 mm。头长大于宽，吻短而钝，吻端略圆，吻棱明显；皮肤粗糙，背侧褶较宽厚，背面有稠密的小刺粒，体侧疣粒较大，腹面光滑；指末端钝圆，无腹侧沟，趾末端略膨大具吸盘，有腹侧沟，趾间半蹼，均不达趾端。体背面多为褐色或褐黄色，背侧褶橙黄色，吻端经鼻孔沿背侧褶下方有黑色带，颌腺黄色，体侧有黑斑；四肢背面有黑横纹，股后方有黑斑及云斑；腹部乳黄色或灰白色。雄蛙第1指有婚垫，有一对咽侧内声囊，有雄性线。

　　生活于海拔30～1500 m平原、丘陵和山区林地。常栖于山旁水田、水池、水沟、沼泽附近，很少在山溪内。白天隐匿在草丛或石穴中，主要捕食昆虫、蚁类等小动物。繁殖期3—5月。蝌蚪生活于静水水域内。

　　中国特有种，分布于贵州、广西、台湾、安徽、江苏、浙江、江西、湖南、湖北、福建、广东、香港。

蛙科 Ranidae，水蛙属 *Hylarana*
中国红色名录：无危（LC）
全球红色名录：无危（LC）

肘腺水蛙
Sylvirana cubitalis

体形中等，雄蛙体长52～68 mm，雌蛙体长44～78 mm。鼓膜区棕色，吻棱下方和颞褶下方黑色；背面皮肤具有极细小的颗粒，泥黄色微红，背侧褶平直，体侧、前肢基部及头侧皮肤较粗糙，体侧有少数棕黑色块，体侧及背部后端和肛周附近有少数小疣；前肢基部小疣较为明显，有窄而淡的横纹3道，后肢大腿、胫部和跗部各有4道窄的棕色横纹，指、趾端部略扩大呈小吸盘状；腹面平滑灰白色，四肢腹面肉色。

生活于海拔500～760 m季风常绿林或雨林间水流较急的山溪及其附近丛林下。

我国分布于云南、广西、广东、海南，国外分布于老挝、泰国、缅甸。

蛙科 Ranidae，肱腺蛙属 *Sylvirana*
中国红色名录：近危（NT）
全球红色名录：无危（LC）

茅索水蛙
Sylvirana maosonensis

雄蛙体长36～38 mm，雌蛙体长约52 mm。头扁平，头长略大于头宽，吻端钝圆突出于下唇，两眼前角多有一小白点，鼓膜黑褐色，无颞褶；体背面皮肤较粗糙，满布大小一致的疣粒，背侧褶较窄，体侧和后肢背面满布小刺疣；胫部疣粒排列成纵行，内外跖褶明显，前臂指宽扁，指、趾端吸盘较大均有腹侧沟，后肢较长，趾间半蹼。体色多为棕色、灰棵色或浅褐色，有不清晰褐色斑点，体侧有醒目的黑色斑点；四肢背面灰棕色，有浅褐色横纹各3～5条；腹面黄白色，咽喉后部有一对深色斑。雄蛙第1指有婚垫，有一对咽侧下内声囊，雄性线红色。

生活于海拔200～1500 m常绿林间中型溪流及其附近，所在环境林木繁茂、潮湿、岸边落叶多。成蛙多栖于溪边石上或落叶间以及草丛中，在溪流或池塘中产卵。

我国分布于广西、云南，国外分布于越南、老挝。

蛙科 Ranidae，肱腺蛙属 *Sylvirana*
中国红色名录：近危（NT）
全球红色名录：无危（LC）

勐腊水蛙
Sylvirana menglaensis

体形小，雄蛙体长38～46 mm，雌蛙体长45～50 mm。体背红棕色、灰棕色，有许多小黑点，上颌缘色浅，自吻端或鼻孔开始到胯部有一条黑色带；体侧浅灰棕色，有黑色花斑，股外侧黑色斑纹清晰可见；腹面较背部色深，咽喉部和胸部有灰黑色大花斑。通身皮肤较光滑，有许多小痣粒和小疣粒；前肢基部上方有1～2个窄疣，胫背肤棱成纵行，颞褶与背侧褶相连；肛孔附近及股后方皮肤粗糙。雄性有一对咽侧下内声囊，肱腺高大，约占上臂前部的2/3。

生活在海拔120～1000 m山区水流平缓的溪流中及其附近，见于小溪岸边、土洞或树根下，鸣声沙哑不洪亮。繁殖期4—6月。

我国分布于云南，国外分布于缅甸、老挝、越南。

蛙科 Ranidae，肱腺蛙属 *Sylvirana*
中国红色名录：无危（LC）

黑耳水蛙
Sylvirana nigrotympanica

体形中等大小，雌蛙体长64～65 mm。背面略带黄绿色，有紫金色和蓝黑色小点散布其上，背侧褶、吻棱及上眼睑外缘较为明显；鼓膜黑棕色，鼓膜和眼间与背部同色；体侧乳白色，有不规则的黑色斑块散布其上，其间还有浅绿色斑块插于体侧的上半部；四肢有窄黑色横纹；股后方满布不规则的黑色花斑；腹面白色；胸部两侧有不太显著的成团的小黑点；皮肤光滑，背侧褶隆起，自眼后达体后端；体侧、背后及泄殖腔附近有少数小疣；口角后端颌腺明显；后肢背面小痣粒排列成行，细肤褶清晰；腹面平滑。

生活于海拔760 m左右的水流较急的山溪及其附近的丛林中。

我国分布于云南。

蛙科 Ranidae，肱腺蛙属 *Sylvirana*
中国红色名录：近危（NT）
全球红色名录：无危（LC）

沼蛙
Boulengerana guentheri

　　体形较大，雄蛙体长63～68 mm，雌蛙体长75～76 mm。皮肤光滑，背侧褶平直而显著，自眼后达胯部，背部后端有小痣粒，腿背面痣粒纵排成行，口角后颌腺显著；雄蛙前肢基部前方有豆状腺体。体背棕色或棕黄色，沿背侧褶有黑色纵纹，体侧有黑斑，后肢背面有黑色横纹，股后方有灰黑色斑；腹面白色或淡黄色。

　　生活在海拔452～1200 m的池塘、水田、沼泽及水流缓慢的溪流，常隐藏于草丛、土隙中，捕食农业害虫，如蝇、椿象、蝼蛄，以及蚯蚓、田螺等。繁殖期5—6月。

　　我国分布于长江中下游流域及其以南地区，国外分布于越南。

蛙科 Ranidae，沼蛙属 *Boulengerana*
中国红色名录：无危（LC）
全球红色名录：无危（LC）

弹琴蛙
Nidirana adenopleura

　　体形中等肥硕，雄蛙体长约55 mm，雌蛙体长约57 mm。背部灰棕色或棕绿色，有浅色的背侧褶，头侧沿背侧褶下方为深棕色，体侧浅灰色，有棕色斑点分布，上颌缘有一条明显的浅色纹，背脊常有一条浅蓝色脊纹，自枕至体末端，体后段疣上常有小圆斑；四肢棕色，有深色横纹；腹面灰白色，咽、胸部有棕色小点。

　　生活在海拔1800 m以下静水水域及其岸边，如农田、沼泽、水塘、沟渠、水库等，白天隐藏在石缝间，夜晚或雨天出来活动，捕食昆虫、蚂蟥、蜈蚣等。繁殖期4—7月，常做泥窝并将产下的卵单层铺于窝底，一般100粒左右。

　　中国特有种，分布于四川、贵州、广西、台湾、安徽、浙江、江西、湖南、福建、广东、海南。

蛙科 Ranidae，琴蛙属 *Nidirana*
中国红色名录：无危（LC）
全球红色名录：无危（LC）

仙琴蛙
Nidirana daunchina

雄蛙体长42～51 mm，雌蛙体长44～53 mm。头长宽几乎相等，瞳孔横椭圆形，鼓膜与眼几乎等大；体背面皮肤光滑或体背后部和体侧有疣粒，背侧褶间距较宽；四肢背面有分散小疣粒，胫部纵行肤棱明显，指端略膨大，腹侧多无沟或不显，后肢较长，趾末端吸盘较大有腹侧沟，趾间约具1/3蹼。体背面颜色变异大，多数为棕黄色、褐绿色或灰棕色，背正中有一条浅色脊线；四肢有棕黑色横纹；体腹面黄白色，咽侧紫黑色，四肢腹面肉红色。雄蛙有肩上腺，有一对咽侧下外声囊。

生活于海拔1000～1800 m山区沼泽地、水坑或水塘及其附近。成蛙白昼隐藏在土穴、石缝或草丛中，傍晚鸣声此起彼伏，音调和谐，酷似琴声，每次3～4声。繁殖期5—6月，在静水坑塘边建圆形泥窝并产卵于其中。蝌蚪在静水塘底活动。

中国特有种，分布于四川、重庆、贵州、云南。

蛙科 Ranidae，琴蛙属 *Nidirana*
中国红色名录：无危（LC）
全球红色名录：无危（LC）

林琴蛙
Nidirana lini

雄蛙体长44～61 mm，雌蛙体长59～61 mm。头长大于头宽，吻端圆，突出于下唇，吻棱明显，鼓膜近圆形；体背面光滑，后半部有细刺疣，背侧褶清晰，体侧有大疣粒，肩上腺近似三角形；四肢背面有不规则的纵肤褶，指、趾端略膨大成吸盘，均有腹侧沟，指侧具缘膜，后肢较细长，趾间约1/3蹼或略超过；头体、四肢和腹部光滑。上颌缘银白色，体背面多为灰褐色、黑褐色或紫褐色，背脊纹浅黄褐色；体侧和后肢背面为浅灰褐色或紫褐色；股、胫部具深色横纹4条左右。雄蛙有肩上腺，第1指有婚垫；有一对咽侧下外声囊。

生活于海拔1400～1650 m的山区，成蛙常栖息于稻田、沼泽和池塘。雄蛙在近水塘岸边水面上鸣叫，由5～7个"goo-goo-"的叫声组成。蝌蚪底栖于近岸边水的深处。

我国分布于云南，国外分布于老挝、越南、泰国。

蛙科 Ranidae，琴蛙属 *Nidirana*
中国红色名录：无危（LC）
全球红色名录：数据缺乏（DD）

滇琴蛙
Nidirana pleuraden

　　体形中等，雄蛙体长49～54 mm，雌蛙体长46～54 mm。皮肤光滑，背侧褶细，背部和体侧疣粒明显，颞褶和颌腺均存在，体侧有明显的圆疣；雄蛙肩上方有一团扁平腺体；腹面皮肤光滑，少数有痣粒或小白刺。体背橄榄绿色略显黄色，其疣粒为棕黑色，或为棕色，脊线两侧的黑色点连成纵纹；上颌缘、颞褶、背侧褶显绿黄色。

　　生活在海拔1150～2300 m山区低洼地的水塘、水沟、稻田的静水水域及其附近。成蛙以多种昆虫及其他小动物为食。繁殖期6—7月，卵群黏附在浅水处的水草茎叶上。蝌蚪多在水底游动，以藻类、植物叶片、腐物为食。

　　中国特有种，分布于云南、四川、贵州。

蛙科 Ranidae，琴蛙属 *Nidirana*
中国红色名录：无危（LC）
全球红色名录：无危（LC）

鸭嘴竹叶蛙
Bamburana nasuta

雄蛙体长57～63 mm，雌蛙体长73～74 mm。头部窄长而扁平，头长大于头宽，吻部呈盾状，远突出于下唇，吻棱棱角状，两眼间有一小白点；雄蛙鼓膜大于雌蛙；犁骨齿两短列。体和四肢背面光滑，上唇缘有一排锯齿状乳突；背侧褶平，体后部、体侧及股后方均有扁平小疣；腹面皮肤光滑。前肢不到体长之半，指、趾吸盘显著，均有腹侧沟；后肢长，前伸贴体时胫跗关节达吻端或略超过；趾间具全蹼，无跗褶。背面颜色多为暗褐色、绿色或褐绿色，头侧、颞部红棕色，唇缘至颌腺、腹侧和股后部浅棕黄色；四肢各有褐黑色横纹3～5条；腹面浅黄色，咽、胸部有褐色斑。雄蛙第1指有乳黄色婚垫，有一对咽侧下外声囊，无雄性线。

生活于海拔350～850 m植被繁茂的山区，成蛙多栖息在溪流、瀑布下大水凼两侧的岩壁或岩石上，受惊扰后即跳入水中，体色与岩石颜色相近。

中国特有种，分布于广西、海南。

蛙科 Ranidae，竹叶蛙属 *Bamburana*
中国红色名录：易危（VU）
全球红色名录：无危（LC）

竹叶蛙
Bamburana versabilis

　　雄蛙体长约74 mm，雌蛙体长约79 mm。头部扁平，长大于头宽，吻盾状，吻棱显著，上颌突出于下颌，上颌缘有锯齿状乳突，下颌前缘有齿突，颊向外倾斜，颊面凹陷，鼻孔开口于吻棱下侧，鼓膜圆形，无颞褶，犁骨齿强；皮肤光滑，背侧褶自眼后角经鼓膜后背方直达胯部，鼓膜周围及颞部有细小的疣粒。背部为棕色或绿色，棕色者还散有稀疏不规则绿色斑点，颞部至肩上方墨绿色，沿上唇、颊部至颌腺为止有黄褐色纹，两眼前角间有一个小白点，体背侧至腹侧棕色由深逐渐变浅；四肢背面棕色，除上臂以外均有墨绿色横纹；腹面浅褐黄色，咽喉部有细云斑。

　　栖息于海拔300～1350 m山区溪流或瀑布附近，周围植被浓郁、阴湿。常蹲在水边长满苔藓的岩石上，因形似枯竹叶而得名。每年3月产卵。

　　中国特有种，分布于贵州、广西、江西、湖南、广东。

蛙科 Ranidae，竹叶蛙属 *Bamburana*
中国红色名录：近危（NT）
全球红色名录：无危（LC）

云南臭蛙
Odorrana andersonii

　　大型蛙，雄蛙体长约74 mm，雌蛙体长约100 mm。体色随环境不同而变化，背部多为暗绿色，有黑褐色斑块，皮肤较粗糙，满布细颗粒，有少数疣粒杂于其间，体侧有不规则的深色斑块，分散有较大的疣粒，唇缘有深浅相间的褐色纹，头侧颌缘及鼓膜区有小白刺，有颞褶；四肢黑褐色横纹明显，腹面灰黄色，掌、跖腹面紫灰色；股腹面有大斑点，股后下方及肛侧以及跗足背面为橙黄色。雄蛙胸部有2团白刺，股后扁平疣多。

　　生活在海拔200～2100 m森林郁闭的大型山溪，常见于小型瀑布下水塘中的岩石上或灌丛植物叶片上，附近苔藓丰富、杂草丛生。

　　我国分布于云南、广西，国外分布于缅甸东部、越南北部、老挝北部、泰国北部。

蛙科 Ranidae，臭蛙属 *Odorrana*
中国红色名录：易危（VU）
全球红色名录：无危（LC）

安龙臭蛙
Odorrana anlungensis

雄蛙体长35～38 mm，雌蛙体长60～67 mm。头顶扁平，头长大于头宽，吻端呈盾状，上颌突出于下颌，吻棱明显，吻长大于眼径，颊部微向外倾斜，颊面凹陷深，鼓膜大，犁骨齿弱；雄蛙体背及体侧有纵长或圆扁疣粒，体侧的小而圆，雌蛙疣粒少；两眼前角之间有一小白点，颞褶较发达；股、胫部背面有小白粒；腹面皮肤光滑，仅在股后下方有密集的小扁平疣和白色小颗粒。体背以深绿色为主，体侧绿色较浅，均有深棕色斑点，但不同个体斑点多少不同；腹面灰白色。

生活在海拔1480～1550 m亚热带森林间的山溪，栖息环境多为植物茂盛，水清见底，岩石上苔藓多。白天常蹲于长有苔藓的岩石上，体色与苔藓很相近，不易被人发现。繁殖期8月。

中国特有种，分布于贵州。

蛙科 Ranidae，臭蛙属 *Odorrana*
中国红色名录：濒危（EN）
全球红色名录：濒危（EN）

沧源臭蛙
Odorrana cangyuanensis

雄蛙体长62～69 mm，瞳孔金黄色，虹彩蓝黑色。体背棕色或深棕黑色，背部扁平瘰疣棕黑色，体侧有较大的、棕色的不规则花斑；四肢背面有棕色横纹，股外侧有密布的棕色斑块，指、趾背面亦有棕色窄横纹；咽部和胸部灰棕色有云状斑纹，腹面及四肢腹面乳黄色，有稀疏的圆形或不规则的棕黑色斑点。无背侧褶，背面前2/3段和背侧有较大而圆形的扁平瘰粒，后段约1/3段为圆形疣粒，体侧及腹侧均匀分布有小疣，股外侧近肛部皮肤亦有小疣；胫背小疣稀疏，前背背面小疣亦稀疏，胸部及咽部皮肤光滑。

生活在海拔700～800 m中型山溪急流小瀑布中，环境郁闭，乔木等植物茂密。中国特有种，分布于云南西部。

蛙科 Ranidae，臭蛙属 *Odorrana*
中国红色名录：数据缺乏（DD）
全球红色名录：濒危（EN）

沙巴臭蛙
Odorrana chapaensis

雄蛙体长80～84 mm，雌蛙体长92 mm左右。头顶平，头长大于头宽，吻棱明显，鼓膜小而圆；背面皮肤光滑，从吻端到眼下方中部无刺，无背侧褶，颞褶明显，体侧具颗粒疣；前肢粗壮，指端具大吸盘，具边缘沟，指间无蹼，后肢细长，趾间具全蹼，趾吸盘小于指吸盘，有边缘沟；咽、胸部皮肤光滑，后腹部、肛孔周围及腿部有疣粒。背部黑褐色或黄绿色，有暗绿色斑或褐色斑；股和胫部背面有黑褐色横斑；腹面黄白色，咽、胸部浅褐色斑密集，腹部和四肢腹面浅褐色斑较稀少，股后部黑褐色，具大理石状的细白线。雄蛙前肢粗壮，第1指背侧有灰黑色大婚垫，具一对咽侧外声囊。

生活于海拔800～1700 m水流湍急、清澈的山间小河附近，河岸两边植被繁茂、树木成荫，环境阴湿。夜间伏于长满苔藓的岩壁上，离河床高约3 m。

我国分布于云南南部，国外分布于越南北部。

蛙科 Ranidae，臭蛙属 *Odorrana*
中国红色名录：易危（VU）
全球红色名录：近危（NT）

越北臭蛙
Odorrana geminata

雄蛙体长71~79 mm，雌蛙体长87~100 mm。头顶平，头长大于头宽，吻棱明显，左右几乎平行，从吻端到眼下方中部有刺，鼓膜明显，头部眼后两侧略膨大。背面皮肤光滑，无背侧褶，颞褶明显，体侧具颗粒疣；前肢粗壮，指端具大吸盘，指间无蹼，指外侧具缘膜；后肢较细长，趾间具全蹼；咽、胸部皮肤光滑，腹后部、肛孔周围及腿部有疣粒。头体和四肢背面颜色变异颇大，多为绿色具黑褐色小斑点或浅褐色具深褐色大斑，股和胫部背面有黑褐色横斑5~6条；腹面黄白色，咽喉和四肢腹面褐色斑密集，胸腹部有灰色云状斑。雄蛙第1指背侧有绒毛状婚垫，具一对咽侧外声囊。

生活在海拔753~1700 m山区林地水流湍急的山溪内及其附近，多栖息在瀑布周围的峭壁、长满苔藓的岩壁及急流内的石头上，还见于距离河床3 m以上的石头上或树枝上。繁殖期4—5月。

我国分布于云南东南部，国外分布于越南东北部。

蛙科 Ranidae，臭蛙属 *Odorrana*
中国红色名录：近危（NT）
全球红色名录：易危（VU）

无指盘臭蛙
Odorrana grahami

体形大，雄蛙体长66～84 mm，雌蛙体长93～105 mm。鼓膜较大，体背皮肤较光滑，具有凹凸不平的由细小颗粒连成的网状结构，有的有扁平疣粒；头侧、颌缘肩基部上方和体后段、肛侧均有疣粒分布，颞褶短弱；雄蛙疣粒上有成丛的小白刺，下颌缘及胸、腹部满布小白刺，愈后愈稀疏，雌蛙刺少或光滑。体背面浅棕色，有暗绿色网状斑纹，或呈"之"字形绿色花斑；腹面或为全白色，仅咽喉部有浅灰色斑，或灰褐色细点极多。

生活在海拔1150～3200 m的中小型山溪及其两岸或静水塘及其附近，山溪水流较湍急，巨石较多，溪底多为沙石，周围草丛浓密，灌丛高可及人，丛下地表较光滑，适于隐蔽和逃逸。成蛙白昼隐伏在岸边大石隙间或溪边草丛中。繁殖期6月，产卵于静水塘内。

我国分布于四川、贵州、云南、广西、山西、湖南，国外分布于越南。

蛙科 Ranidae，臭蛙属 *Odorrana*
中国红色名录：近危（NT）
全球红色名录：近危（NT）

大绿臭蛙
Odorrana graminea

　　雌雄蛙体大小差异甚大，雄性体长约48 mm，雌性约91 mm。头扁平，头长大于头宽，瞳孔横椭圆形；皮肤光滑，背侧褶细或略显；指、趾均具吸盘及腹侧沟，后肢细长，趾间蹼均达趾端，无蹼褶。体背面纯绿色，有深浅变异，两眼间有一个小白点，体侧及四肢浅棕色；腹面白色，四肢腹面浅棕色。雄性有一对咽侧外声囊，第1指具灰白色婚垫，无雄性线。

　　生活于海拔450～1200 m森林茂密的大中型山溪及其附近。溪流内石头多，石上长有苔藓。成蛙白昼多隐匿于溪流岸边石下或在附近密林的落叶间，夜间多蹲在溪内露出水面的石头上或溪旁岩石上。5—6月繁殖，蝌蚪栖息于溪流水凼内。

　　我国分布于四川、云南、贵州、广西、安徽、浙江、江西、湖北、湖南、福建、广东、香港、海南，国外分布于越南。

蛙科 Ranidae，臭蛙属 *Odorrana*
中国红色名录：无危（LC）
全球红色名录：数据缺乏（DD）

合江臭蛙
Odorrana hejiangensis

雄蛙体长约47 mm，雌蛙体长约87 mm。头长略大于头宽或几乎相等，头顶扁平，瞳孔横椭圆形；体背面前部皮肤光滑，两眼间有一个小白点，后部和体侧有疣粒，无背侧褶；前肢疣少，后肢长，背面和股后部疣粒较多，指、趾均具吸盘，趾间蹼缺刻较浅，无跗褶。背面绿色杂以褐棕色或深褐色不规则斑，体后部和体侧深色斑明显；四肢背面具棕褐色横纹；体腹面和四肢腹面肉色，斑纹较少，咽、胸部纵行深棕色斑甚多。雄性有一对咽侧外声囊，第1指有肉白色婚垫，无雄性线。

生活于海拔450～1200 m林木繁茂以常绿阔叶树为主的阴湿山涧溪流中，成蛙白天隐蔽在溪边石下或蹲在岸上石壁的凹陷处，周围有灌木和苔藓，难以发现。晚上在溪岸边活动或栖息在石壁上。繁殖期5月。

中国特有种，分布于四川、重庆、贵州、广西。

蛙科 Ranidae，臭蛙属 *Odorrana*
中国红色名录：近危（NT）
全球红色名录：易危（VU）

景东臭蛙
Odorrana jingdongensis

　　雄蛙体长62～82 mm，雌蛙体长65～108 mm。头部扁平，头长大于头宽，吻端钝圆略尖；背面满布痣粒和大疣，体侧有较大的疣粒，雄蛙背部后端和体侧以及腹面小白刺多；腹面皮肤光滑；指吸盘大而明显，均具腹侧沟，趾间具全蹼，蹼达趾端。背面多为绿色间有棕黑色斑，或橄榄褐色间有绿色斑纹，两眼间多有一小白点，体侧有褐色斑，唇缘及四肢背面棕色有黑褐色横纹，股、胫部各有5～7条；体腹面棕黄色，有的有密集小斑点，股后下方及肛两侧以及跗足背面为橙黄色，股后有大斑。雄蛙第1指有绒毛状婚垫，胸、腹部有白色刺团，有一对咽侧下内声囊，背侧有粉红色雄性线。

　　生活于海拔1000～1600 m森林茂密阴湿的大山溪内，常栖于长有苔藓的溪旁岩石上。繁殖期5月，溪内抱对产卵。

　　我国分布于云南、广西，国外分布于越南。

蛙科 Ranidae，臭蛙属 *Odorrana*
中国红色名录：易危（VU）
全球红色名录：易危（VU）

筠连臭蛙
Odorrana junlianensis

　　雄蛙体长73～80 mm，雌蛙体长87～102 mm。头部扁平，头长大于头宽，吻端钝圆，瞳孔横椭圆形；体背面皮肤较光滑，吻端到肛部有小颗粒疣或分散扁平疣，头侧颌缘及鼓膜周围有小白刺疣，体侧有分散较大的疣粒，无背侧褶；指吸盘较明显，均具腹侧沟，后肢长，无跗褶，趾间具全蹼，蹼缘微凹。体背面多为橄榄褐色，散有绿色斑，体侧浅褐色有深褐色圆斑；四肢有深浅相间的横斑；腹面浅黄色或灰黄色，咽、胸部散有灰棕色细点，股部腹面有灰棕色或灰褐色大斑点。雄性第1指有浅灰色绒毛状婚垫，咽、胸部有2个三角形细刺团，前后排列成"8"字形，体背侧有雄性线。

　　生活于海拔650～1150 m山区植被茂密的大、中型溪流内，白天常隐蔽在水内石块下、石洞和土穴中，夜间主要在距岸边3～10 m的草丛中捕食昆虫以及螺类、蜢蝓、蚰蜒、蜘蛛类等。繁殖期5—9月。

　　中国特有种，分布于四川、重庆、贵州、云南。

蛙科 Ranidae，臭蛙属 *Odorrana*
中国红色名录：近危（NT）
全球红色名录：易危（VU）

荔浦臭蛙
Odorrana lipuensis

体形中等细长，雄蛙体长41～48 mm，雌蛙体长51～55 mm。头长略长于头宽，吻长大于眼径，吻端背面钝圆，突出于下唇，吻棱明显，瞳孔竖卵圆形，颊部略凹斜，鼓膜圆形明显；无背侧褶；除第1指外指端有侧沟和纵沟，指端和趾端膨大，具侧沟。皮肤光滑，体侧和颊部以及鼓膜的前后缘有小刺瘤，背部草绿色，夹杂有不规则褐色斑纹；四肢背面有棕色条带；喉部至腹部上端为灰色斑纹，四肢腹面浅粉色并伴有斑纹，背面有棕色条带。雄性第1指有白色婚垫，无声囊，无雄性线。

终年栖息于海拔182 m的黑暗洞穴内，见于洞深约80 m处，水深约60 cm的小水塘；繁殖期5—8月，在洞深15 m处可见到，6月抱对产卵。

我国分布于广西，国外分布于越南。

蛙科 Ranidae，臭蛙属 Odorrana
中国红色名录：易危（VU）

龙胜臭蛙
Odorrana lungshengensis

体扁平，雄蛙体长约62 mm，雌蛙体长约81 mm。头长大于头宽，吻部扁平，吻端钝圆，突出于下颌，吻棱明显，颊面凹陷，鼓膜清晰；体背皮肤光滑，颞褶厚，体侧有扁平疣粒，股后方有扁平颗粒连成的腺体；腹部皮肤光滑。雄蛙上眼睑的后半部、颞部、后背部以及后肢背面有小白刺粒，鼓膜边缘及颌腺上的小白刺尤为密集，体侧的疣粒上有小白刺，雌蛙很少有；腹面灰白，咽喉及胸部满布棕色云斑，向后逐渐稀少；雄蛙婚垫灰白色。

栖息在海拔900～1500 m林区山溪内及附近，一般植被丰富，多为常绿阔叶乔木及灌丛和杂草，溪水清澈见底，两岸崖石陡壁多。成蛙常蹲在溪边崖石上，体色与石上苔藓极为相近，有的蹲在崖壁上，在平缓溪段很少有其踪迹。繁殖期6—7月。

中国特有种，分布于广西、贵州、湖南。

蛙科 Ranidae，臭蛙属 *Odorrana*
中国红色名录：近危（NT）
全球红色名录：无危（LC）

大耳臭蛙
Odorrana macrotympana

　　雄蛙体长约51 mm，雌蛙体长约93 mm。鼓膜大，上、下颌缘为白色，无任何色斑散布其上；体背皮肤光滑，灰棕色，有棕黑色小点组成的斑块，略排成2行，边缘不整齐，吻棱下有黑色点，眼后和鼓膜后方黑点较体侧者更粗大些；四肢背面有宽的棕黑色横斑，蹼膜灰棕黑色；腹面灰白色，后肢腹面呈浅黄色，股后密布灰棕色碎斑。雌蛙咽部、胸部略显污秽状。雄蛙有一对外声囊。

　　生活在海拔250～500 m的山溪急流中，也见于溪流旁森林植物的枝叶上。

　　中国特有种，分布于云南西部。

蛙科 Ranidae，臭蛙属 *Odorrana*
中国红色名录：数据缺乏（DD）
全球红色名录：数据缺乏（DD）

绿臭蛙
Odorrana margaretae

体长雄性约81 mm，雌性约103 mm。头部扁平，头长略大于头宽，吻端钝圆，瞳孔横椭圆形；背面皮肤光滑，无背侧褶，体侧皮肤有小痣粒；指、趾具吸盘，纵径大于横径，腹侧沟均显著，趾间具全蹼。体背面绿色，两眼间有一个白色小点，体后端棕色散有酱色斑点；四肢背面绿色或棕色有酱色横纹，股后酱色大花斑或碎斑极明显。繁殖期雄性胸部有"△"形小白刺团，无声囊，第1指上婚垫发达，背侧有雄性线。

生活在海拔390～2500 m山区溪流内，溪内石头多水质清，流速湍急，两岸多为巨石和陡峭岩壁，周边乔木、灌丛和杂草繁茂。成蛙多蹲在水流湍急地段长有苔藓、蕨类等植物的巨石或崖壁上，头迎向飞溅的水花，其体色与石上苔藓颜色极为相近，不易被人发现。繁殖期12月。

我国分布于四川、重庆、贵州、云南、广西、甘肃、陕西、湖南、湖北、广东，国外分布于越南。

蛙科 Ranidae，臭蛙属 *Odorrana*
中国红色名录：无危（LC）
全球红色名录：无危（LC）

圆斑臭蛙
Odorrana rotodora

  雄雌体形差别大，雄蛙体长47～55 mm，雌蛙体长86～97 mm。头长大于头宽，吻长，吻端尖圆，超出下颌甚多，吻棱明显，颊区下凹，再斜达颌缘，颞褶短而平直，鼻孔下方之上颌缘均有白色的腺状隆起，其后为颌后腺；雄蛙鼓膜大，紧接眼后，雌蛙鼓膜较小，距眼较远；体和四肢背面皮肤光滑，无背侧褶，颞褶短；体腹面光滑。体背面绿色、绿黄色或灰棕色等，通常有8个棕黑色圆斑或椭圆斑块，两眼间有一个小白点，上颌缘色浅；四肢背面有不规则黑斑纹；体腹面乳白色或乳黄色，股后部有密集的云状斑。

  生活在海拔400～810 m有巨石和急流的山溪中，喜在瀑布附近活动。

  我国分布于云南西部，国外相邻的缅甸一侧可能有分布。

蛙科 Ranidae，臭蛙属 *Odorrana*
中国红色名录：近危（NT）

花臭蛙
Odorrana schmackeri

雄蛙体长约44 mm，雌蛙体长约80 mm。头长略大于头宽或几乎相等，头顶扁平，瞳孔横椭圆形，鼓膜大，上眼睑、体后背部及后肢背面均无小白刺；体侧无背侧褶，体和四肢背面较光滑或有疣粒，胫部背面有纵肤棱；指、趾具吸盘，后肢长，趾间具全蹼缺刻深；腹面光滑。体背面绿色，间以棕褐色或褐黑色大斑点，多近圆形，有的镶以浅色边，两眼间有一个小白点；四肢有棕褐色横纹，股、胫部各5～6条；体腹面乳白或乳黄色，咽、胸部有浅棕色斑或无，四肢腹面肉红色。雄性有一对咽侧下外声囊，第1指婚垫灰色，背侧有雄性线。

生活于海拔200～1400 m山区大小山溪内，溪内石头多，周边植被繁茂潮湿，两岸岩壁和岩石上长满苔藓。成蛙常蹲在溪边岩石上，头朝向溪内，体背斑纹很像映在落叶上的阴影，也与苔藓颜色相似。繁殖期7—8月。

我国分布于四川、重庆、贵州、广西、河南、安徽、江苏、浙江、江西、湖南、湖北、福建、广东，国外越南可能有分布。

蛙科 Ranidae，臭蛙属 *Odorrana*
中国红色名录：无危（LC）
全球红色名录：无危（LC）

麻点臭蛙(中国新记录)
Odorrana tabaca

体形大,雄蛙体长52～53 mm,雌蛙体长80～107 mm。背部皮肤因密集的极小颗粒而显粗糙,体背棕黄色或棕黑色,密布黑点,体侧疣粒较大;腹面皮肤光滑,乳黄色,无斑点或斑纹。

生活在南亚热带或热带北缘水流湍急的山溪中,5—6月产卵。

我国分布于云南。

蛙科 Ranidae,臭蛙属 *Odorrana*

滇南臭蛙
Odorrana tiannanensis

　　雄蛙体长52～54 mm，雌蛙体长78～107 mm。背部皮肤粗糙，体侧疣粒较背部的大，两眼前缘正中有一个米黄色点，背部皮肤因密集的极小颗粒而显粗糙，体侧疣粒较大；指端均有吸盘及腹侧沟，指吸盘略大于趾吸盘，趾间具全蹼，蹼缘平直；腹面皮肤光滑。体背棕黄色或棕黑色，黑斑点界线不清晰，体侧黑点多；腹面乳黄色，无斑点或斑纹。

　　生活于海拔120～1000 m热带北缘常绿林繁茂的山区河流或溪流中。成蛙常见于环境阴湿、水流湍急的山涧中，夜晚多在溪内石上或附近草丛中。5—6月产卵。

　　我国分布于云南南部，国外分布于越南北部、老挝北部。

蛙科 Ranidae，臭蛙属 *Odorrana*
中国红色名录：易危（VU）
全球红色名录：无危（LC）

务川臭蛙
Odorrana wuchuanensis

雄蛙体长71～77 mm，雌蛙体长76～90 mm；头顶扁平，头长大于头宽，吻端钝圆，略突出于下唇，吻棱明显，颊部微向外倾斜，颊面凹陷，鼓膜大；头背部皮肤光滑或较粗糙，颞褶明显，无背侧褶，后背部、体侧及股、胫部背面有扁平疣粒；指、趾吸盘较大，趾间蹼缺刻较深；腹面皮肤光滑，后方有大半圈大小不等的淡色疣粒。背部绿色，上有分散的黑斑，有些黑斑镶以淡金黄色边，唇缘有深浅相间的斑纹；四肢背面有深色的宽带和浅色的窄带相间的横纹，股、胫部各为5～6条；腹面具深灰色和淡金黄色相间的大斑块，交织成网状。

生活在海拔700 m深山石灰岩溶洞内的溪流中及附近，成体常见于溪边崖壁上。繁殖期5—8月。

中国特有种，分布于贵州。

蛙科 Ranidae，臭蛙属 *Odorrana*
中国保护等级：Ⅱ级
中国红色名录：易危（VU）
全球红色名录：易危（VU）

墨脱臭蛙
Odorrana zhaoi

雄蛙体长约52 mm。体扁平，头长大于头宽，吻端钝圆，吻棱极明显，鼓膜圆形显著；背面皮肤光滑，体后部有小颗粒；背侧褶弱，体侧有疣粒和小刺；指端膨大成吸盘状，趾间满蹼；腹面光滑。体背面为橄榄绿色，上唇缘有金黄色条纹，从吻端通过眼到背侧褶下方至肛部有一条黑褐色纵条纹，体侧浅褐色，其上有黄色和深褐色小斑点；四肢背面有深褐色横纹；体和四肢腹面象牙色。雄性具一对外声囊，咽、胸部有椭圆形小刺团，无肱腺。

生活于海拔600～2000 m周围常绿林茂盛、地势陡峭的小山溪和小瀑布下，见于溪边长满苔藓的石头上。

中国特有种，分布于西藏、云南。

蛙科 Ranidae，臭蛙属 *Odorrana*
中国红色名录：近危（NT）
全球红色名录：无危（LC）

黑斑侧褶蛙
Pelophylax nigromaculatus

体形中等，雄蛙体长48～54 mm，雌蛙体长48～62 mm。头背灰绿色，头前部和后背面为黄棕色，背侧褶浅红棕色，背侧褶间有由左前方斜向右后方的黑线纹4～11条，吻端至眼前有一条黑线纹，鼓膜紫灰色，体侧有紫灰色斑块；四肢背面有棕黑色横纹；咽喉部及胸部有黑灰色细点或棕黑色斑块，跗、跖及蹼的腹面紫黑色。背中央部分皮肤光滑，其余部分有许多小颗粒，背侧褶显著而直，其外侧有小疣；后肢背面、股后近肛孔处有许多细疣，胫背有细线状纵肤棱；腹面皮肤光滑。

生活于海拔2200 m以下的山地、平原、丘陵地区的林地、水田、池塘、湖沼等，多见于静水水域及其附近。成蛙10—11月进入松软的土中或枯枝落叶下冬眠，翌年3—5月出蛰。繁殖期3月下旬—4月，产卵于稻田、池塘浅水处。

我国分布于整个东半部，国外分布于俄罗斯、朝鲜、韩国、日本。

蛙科 Ranidae，侧褶蛙属 *Pelophylax*
中国红色名录：近危（NT）
全球红色名录：近危（NT）

昭觉林蛙
Rana chaochiaoensis

体形中等，雄蛙体长47～58 mm，雌蛙体长46～60 mm。头长略大于头宽，吻端钝尖，突出于下唇，吻棱明显；体背皮肤平滑，黄棕色或棕色、深棕色，散布有橘红色小点和不规则斑纹，侧褶平直，眼间有一道横纹，鼓膜区有黑色三角斑，有口角颌腺，体侧灰蓝色，有少数疣粒和显灰黑色、不规则的小斑点；四肢背面有黑色或灰绿色的横斑；腹面皮肤光滑。雄蛙第1指有极发达的灰色婚垫，一般分为4团，其上有细白刺粒。

生活于海拔1150～3500 m高原边缘地区，所在环境林木杂草繁茂，沼泽和水塘较多，环境潮湿。非繁殖期成蛙陆栖为主，多分散在森林、灌丛和杂草丛中觅食昆虫与其他小型动物；繁殖盛期为4—5月，常群集于水塘、稻田水沟及溪河回流浅水处。蝌蚪栖于湖、塘、水坑浅水水草之间。

中国特有种，分布于四川、贵州、云南。

蛙科 Ranidae，林蛙属 *Rana*
中国红色名录：无危（LC）
全球红色名录：无危（LC）

中国林蛙
Rana chensinensis

　　雄蛙体长44～53 mm，雌蛙体长44～60 mm。头扁平，头长略大于头宽或几乎相等，吻钝圆、吻棱显著，瞳孔横椭圆形，鼓膜圆形；皮肤较光滑，有分散小疣，肩上方有"八"字形疣粒或无，背侧褶在颞部上方形成曲折状；后肢长、无股后腺，指、趾末端钝圆无沟，趾蹼缺刻深；体腹面和四肢腹面光滑，2条跗褶明显。体背面土黄色或灰褐色，有的在疣周围有黑色或褐黑色斑点，鼓膜部位有黑色三角斑，两眼间有一黑色横纹或不显；四肢具灰色或黑褐色横纹；体腹面为乳白色或黄绿色，咽、胸部散有灰褐色斑点。雄性第1指婚垫分为4团，基部2团大，有一对咽侧下内声囊，有雄性线。

　　多栖息于海拔200～2100 m山地森林植被较好的静水塘或山沟附近，杂食性，成体多以昆虫为食。通常9月下旬向水源地迁移，9月末至10月初进入浅水区，10月下旬进入深水区冬眠，次年3月末到4月中旬出蛰并开始繁殖。蝌蚪生活在溪流缓流处和水凼内。

　　我国分布于东北、华北、西北东部、西南东北部，国外分布于蒙古国东部。

蛙科 Ranidae，林蛙属 *Rana*
中国红色名录：无危（LC）
全球红色名录：无危（LC）

峰斑林蛙
Rana chevronta

　　雄蛙体长约43 mm，雌蛙体长约56 mm。头宽与头长几乎相等，吻端钝圆，瞳孔横椭圆形，鼓膜明显；皮肤光滑，背上有许多小痣粒，背侧褶宽厚；后肢长，指、趾端略膨大而无沟，指关节下瘤不发达，外侧3趾具2/3蹼；腹面皮肤光滑。体背面黄褐色，有深灰或褐色小点，两眼间向后有黑褐色"又"字形斑，背后部有一"∩"形峰斑；前臂及后肢均有深色横纹；体腹面浅黄白色，唇缘及胸、腹部有褐色斑点，四肢腹面肉红色并散有灰色小点。雌蛙背面和四肢上斑纹不明显；雄性第1指具紫灰色婚刺，无声囊，仅背侧有雄性线。

　　生活于海拔1600～1800 m左右针阔叶混交林山区，林间杂草或竹类丛生，环境阴湿，静水塘多。成蛙营陆栖生活，以昆虫等小动物为食。3月下旬集群在静水塘内繁殖，成蛙白天栖于水塘岸边泥窝内或草丛中，产卵于浅水区。蝌蚪在静水内发育生长，当年变成幼蛙。

　　中国特有种，分布于四川。

蛙科 Ranidae，林蛙属 *Rana*
中国红色名录：濒危（EN）
全球红色名录：极危（CR）

越南趾沟蛙
Rana johnsi

　　雄蛙体长约43 mm，雌蛙体长约47 mm。头长大于头宽，吻端钝圆、突出于下唇，瞳孔横椭圆形，鼓膜明显，颞褶细而显；背面皮肤光滑，背侧褶细，肩上方多有"八"字形疣粒，背后部有小疣粒；内外跖褶由小疣组成，指端略膨大，不成吸盘亦无沟，后肢细长，趾端呈小吸盘状，趾蹼发达，全蹼；腹面光滑。背面及体侧颜色变异大，多为褐色、棕红色或黄褐色，两眼间有一深褐色横纹或三角斑，多数个体肩上方有"∧"形褐色斑，头侧颞部有明显褐色或黑色三角形斑；四肢背面有深褐色横纹，背、腹交界处有黑褐色纵形带纹。腹面灰白色或浅黄色，胸、腹部有云状花斑。雄性有一对咽侧下内声囊，第1指有长椭圆的灰色婚垫，有雄性线。

　　多生活于海拔500～1200 m山区常绿林林间溪流及其周边，成体营陆栖生活，大雨或暴雨之后，集群于溪流水凼或缓流处岸边及其附近草丛、灌木丛中活动。繁殖期8—9月，到第二年才变态成幼蛙。

　　我国分布于广西、广东西部、海南，国外分布于越南、老挝、泰国。

蛙科 Ranidae，林蛙属 *Rana*
中国红色名录：无危（LC）
全球红色名录：无危（LC）

高原林蛙
Rana kukunoris

体较粗短，雄蛙体长约56 mm，雌蛙体长约62 mm。头宽略大于头长，吻端钝圆而略尖，瞳孔横椭圆形。背面皮肤较粗糙，背部和体侧有大的分散圆疣及少数长疣，背侧褶在颞部形成曲折状；后肢较短，外侧3趾间约具2/3蹼，蹼缘缺刻较浅。体腹面和四肢腹面光滑，2条跗褶较明显。体和四肢背面为灰褐色或棕褐、棕红或浅褐黑色，疣粒颜色略浅，周围为褐黑色，鼓膜部位有黑褐色三角形斑，体侧散有黑色或红色斑；四肢具黑色横纹；雄蛙腹面粉红或黄白色，雌蛙为红棕或橘红色。雄性第1指婚垫分为4团，基部2团大，有一对咽侧下内声囊，有雄性线。

生活于海拔2000～4400 m高原草甸、草地、农田、灌丛及森林边缘地带，多栖息在各种静水水域岸边潮湿环境。捕食昆虫、蜘蛛、蚯蚓等小动物。繁殖期3—5月，在靠近河边或湿地的池塘中产卵。

中国特有种，分布于四川、西藏、甘肃、青海。

蛙科 Ranidae，林蛙属 *Rana*
中国红色名录：无危（LC）
全球红色名录：无危（LC）

猫儿山林蛙
Rana maoershanensis

雄蛙体长45～54 mm，雌蛙体长52～58 mm。头长小于头宽，吻端钝尖，突出于下唇，吻棱清晰，瞳孔横椭圆形，鼓膜圆形；皮肤较光滑，有的肩上方有"∧"形疣粒，背侧褶粗，颞褶清晰；前臂指端钝而无沟，后肢较长，趾间蹼缺刻深。体背多为红褐色或褐色，有黑褐色条形斑或点状斑，颞部有深褐色三角斑；体腹面乳黄色有淡灰色斑，腿腹面肉色，多数无斑。雄性第1指婚刺分为两团，无声囊，没有雄性线。

生活于海拔1980 m左右的山区。12月—翌年1月为繁殖期，成蛙分散在湿地和森林之间的大小水塘内活动；4月成蛙迁移到森林内营陆栖生活，难以见到。蝌蚪属于越冬型。

中国特有种，分布于广西。

蛙科 Ranidae，林蛙属 *Rana*
中国红色名录：近危（NT）

峨眉林蛙
Rana omeimontis

　　雄蛙体长约60 mm，雌蛙体长约67 mm。头长略大于头宽，吻端钝尖，瞳孔横椭圆形；体背面光滑，雄性背部无疣或有小疣，雌蛙有少数圆疣；背侧褶细窄而平直；四肢背、腹及体腹面皮肤光滑；后肢长，无股后腺，指、趾端圆而无沟，趾间蹼发达，为全蹼。背面颜色变异颇大，多为绿黄色、深黄色或褐灰色，有的有黑色斑点或在肩部上方有"∧"形黑斑，颞部有三角形褐黑斑；四肢背面有褐色横纹；腹面白色或乳黄色。雄性第1指婚垫甚发达，无声囊，有雄性线。

　　生活于海拔250～2100 m山区、丘陵和平原，非繁殖期成蛙营陆栖生活，多在森林间草丛中活动，觅食昆虫、软体动物等小动物。繁殖期8月底—9月中旬，成蛙聚集到水塘内交配，卵产在水塘、冬水田或小溪洄水处。蝌蚪多在静水内生活，越冬到翌年5—7月成幼蛙。

　　中国特有种，分布于四川、重庆、贵州、甘肃、湖南、湖北。

蛙科 Ranidae，林蛙属 *Rana*
中国红色名录：无危（LC）
全球红色名录：无危（LC）

威宁趾沟蛙
Rana weiningensis

体形中等,雄蛙体长33～37 mm,雌蛙体长约43 mm。头扁平,头长略大于头宽,吻端钝尖,突出于下唇,吻棱明显,鼓膜圆形;皮肤光滑,体侧有分散小疣,背部后端细痣粒较多,背侧褶起自眼后;趾间蹼缺刻深,第4趾蹼仅达远端关节下瘤;有跗褶;腹面光滑。背面及体侧为橄榄棕色,背部及体侧小疣粒部位深棕色,沿吻棱、上眼睑外侧、背侧褶及颞褶为金黄色纹,头侧颞部有一个很醒目的黑色三角形斑;四肢背面有棕色横纹,股、胫部各有3～5条;腹面灰白色,咽喉部、胸部有棕色细点。雄蛙无声囊。

生活于海拔1700～2950 m的山溪或河岸边灌丛、草丛中,或在静水水域如稻田、水塘、沼泽及其附近生活。冬季在土洞或裂穴深处冬眠,白天成蛙蹲在溪边石上或岸边。繁殖期2月。

中国特有种,分布于四川、贵州、云南。

蛙科 Ranidae,林蛙属 *Rana*
中国红色名录:近危(NT)
全球红色名录:无危(LC)

镇海林蛙
Rana zhenhaiensis

雄蛙体长约46 mm，雌蛙体长约48 mm。头长大于头宽，吻端钝尖，突出于下唇，吻棱较钝，颊部略向外倾斜有一浅凹陷，颞褶细弱，瞳孔横椭圆形，鼓膜圆形。指细长，指端钝圆，后肢长，趾细长，趾末端钝尖，雄蛙趾蹼较雌蛙的发达。皮肤光滑，背部及体侧有少数小圆疣，肩上方疣粒排列成"八"字形或"∧"形，背侧褶细窄，在鼓膜上方略弯，口角后方的颌腺细窄。腹面光滑，仅股基部有扁平疣，外跖褶细窄或不明显。雄蛙婚垫灰色，基部2团较大。

生活在近海滨的丘陵至海拔1800 m的山区。非繁殖期成蛙多分散在林间、灌丛和杂草等植被繁茂的潮湿环境中，觅食多种昆虫及小动物；繁殖期12月—次年4月，常集群在丘陵或山边的水坑、水沟、农田或雨后的临时积水坑等静水水域及其附近，在夜晚，尤其是阴雨之夜，集群于清澈、腐殖质少的静水水域内抱对产卵，卵群产在水深3~30 cm的水草间。

中国特有种，分布于广西、安徽、江苏、浙江、江西、湖南、福建、广东。

蛙科 Ranidae，林蛙属 *Rana*
中国红色名录：无危（LC）
全球红色名录：无危（LC）

胫腺蛙
Liuhurana shuchinae

雄蛙体长37～42 mm，雌蛙体长40～47 mm。皮肤光滑，腺体较发达，背侧褶宽厚，口角颌腺较长，与肩基部上方的豆状腺体毗邻；前臂内外侧均有腺体，前臂、胫、跗外侧腺体发达，胫部腺体延伸至跖部和第5趾外侧；腹面皮肤光滑，有分散的乳黄色扁平疣，下唇缘的小疣密集，胸侧近腋部各有一团黄色腺体，股后腺体显著，肛周扁平疣密集。体背暗绿色、灰黄色或浅褐色，头顶布满三角形浅黄斑，体侧黑褐色；腹面浅灰色。

生活在海拔3000～3600 m高山草甸和灌丛环境水流平缓的溪流、沼泽、池塘中或其附近；繁殖期4—7月，数百只成蛙聚集在静水塘及附近林间草丛中抱对产卵。

中国特有种，分布于四川西南部、云南西北部。

蛙科 Ranidae，胫腺蛙属 *Liuhurana*
中国红色名录：近危（NT）
全球红色名录：无危（LC）

背条跳树蛙
Chiromantis doriae

体小而修长，雄蛙体长25～27 mm，雌蛙体长29～34 mm。通身背面灰黄色或灰红棕色，有灰棕色纵条纹4～6条；背面皮肤平滑有细痣粒，有5条棕色或棕黑色纵纹，颞褶斜置；腹面及股腹面满布扁平疣，腋部有肤褶横贯胸部，左右肤褶在胸部中央不相连，咽喉部及股基部腹面黄白色，下唇缘有深色细点，四肢腹面肉红色。

生活在海拔1650 m以下山地常绿林、灌木林间草地，常见于稻田、水坑或水沟边灌木、草丛、芭蕉枝叶上，繁殖期5—6月，雨后夜晚产卵者居多，卵群多产在近水边的灌木叶片及杂草叶片上，高度可达3 m。

我国分布于云南、海南，国外分布于印度、缅甸、泰国、老挝、柬埔寨、越南。

树蛙科 Rhacophoridae，跳树蛙属 *Chiromantis*
中国红色名录：无危（LC）
全球红色名录：无危（LC）

侧条跳树蛙
Chiromantis vittatus

　　雄蛙体长23～26 mm，雌蛙体长24～27 mm。头长大于头宽，吻端尖钝，超出下颌，颊部垂直，略向外斜，颊面凹入，鼓膜紧接眼后不甚显著，但轮廓清晰，无犁骨齿；皮肤光滑，有小痣粒；咽喉部平滑，胸部无横肤褶，腹部及股部腹面满布扁平圆疣。体背面多为灰黄色或浅黄色，满布均匀灰褐色星状小点，从吻端或眼后至胯部两侧有一条浅黄色纵纹，纵纹上下方深棕色，颌缘及体侧亮黄色或灰棕色；腹面乳黄或白色。雄蛙具一对咽侧内声囊。

　　生活于海拔1500 m以下热带森林边缘草地的水塘附近，常见于灌丛、芦苇、香蕉、芭蕉叶上或杂草上，也见于林子附近的稻田边的灌木叶和杂草上。在水塘或雨后形成的临时水坑交配产卵。

　　我国分布于西藏、云南、广西、海南、福建，国外分布于印度、缅甸、泰国、老挝、柬埔寨、越南。

树蛙科 Rhacophoridae，跳树蛙属 *Chiromantis*
中国红色名录：无危（LC）
全球红色名录：无危（LC）

抚华费树蛙
Feihyla fuhua

体形较小并窄长，体长25～28 mm。头长大于头宽，吻尖长，吻端突出于下唇，鼓膜不清晰；背面皮肤光滑；前臂指端具吸盘及边缘沟，指间无蹼，后肢细，蹼不发达；腹面满布颗粒状疣。背面棕黄色，吻棱下方通过眼至颞部上方有褐色带纹，其下方有显著的银白色宽带纹，眼后和背部有一个褐色或棕红色"n"形线纹，但有的个体不显；四肢背面有横纹3条；腹面白色，股腹面大疣粒上有深色细点。雄蛙第1、2指有白色婚垫，有一对咽侧内声囊，有雄性线。

生活于海拔1000～1900 m湿性山地森林的山坡溪流附近，3—5月和10—12月的雨后可见大量成蛙在溪边潮湿环境中，或在1 m高的灌木丛上。繁殖期4—5月，雄蛙晚上在水塘边树枝上发出有弹音的鸣声，雌蛙产卵于树叶上。蝌蚪生活于林区小的静水塘内。

我国分布于云南、广西，国外分布于越南。

树蛙科 Rhacophoridae，费树蛙属 *Feihyla*
中国红色名录：近危（NT）
全球红色名录：无危（LC）

黑眼睑纤树蛙
Gracixalus gracilipes

体形小，雄蛙体长20～24 mm，雌蛙体长约30 mm。头长宽几乎相等，吻端尖，突出于下唇，鼓膜清晰。体背有小疣粒，眼睑上的疣粒大而密集；前肢指端均有吸盘及边缘沟，指间无蹼；后肢细长，趾间有蹼；前臂、跗部、咽喉部和胫腹面光滑，腹面其他部位满布扁平疣。背面暗绿色或灰绿色，从吻端沿吻棱、上眼睑直到颞部有宽棕色纹；上眼睑黑棕色，眼后下方、颞部和体侧下方有白色斑纹；两眼间至体背面有"X"形褐黑色细斑纹；四肢背面有褐色细横纹；体腹面黄白色，大腿腹面肉色。雄蛙第1、2指有白色婚垫，有单咽下内声囊，雄性线红色。

生活于海拔500～1800 m常绿林和竹林繁茂的山区，成蛙栖息于环境阴湿的灌丛或杂草间。繁殖期4—5月，雌蛙将卵产于悬垂在小水塘上方的叶片尖部。

我国分布于云南、广西、广东，国外分布于越南、泰国。

树蛙科 Rhacophoridae，纤树蛙属 *Gracixalus*
中国红色名录：近危（NT）
全球红色名录：无危（LC）

金秀纤树蛙
Gracixalus jinxiuensis

体形较粗壮，雄蛙体长约24 mm，雌蛙体长29～30 mm。头长宽几乎相等，吻端钝圆，鼓膜清晰，无犁骨齿；皮肤较粗糙，背面布满分散疣粒；前臂指端均有吸盘及边缘沟，后肢粗壮，趾蹼不发达；腹面除咽喉部和前臂腹面疣粒较少，胫、跗部隐蔽部位皮肤光滑，其他部位均满布扁平疣。背面棕色或浅棕色，两眼间至体背面有一醒目的近似"X"形黑棕色大斑，前臂、股、胫背面各有1～3条黑棕色宽横纹。腹面浅灰棕色，有不明显深色云斑。雄蛙第1指上有婚垫，有单咽下内声囊，无雄性线。

生活在海拔1080～2050 m森林茂密、阴湿的山区，常见于林区边缘靠近水塘的灌木丛或杂草丛中。

我国分布于云南、广西、湖南，国外分布于越南北部。

树蛙科 Rhacophoridae，纤树蛙属 *Gracixalus*
中国红色名录：易危（VU）
全球红色名录：易危（VU）

弄岗纤树蛙
Gracixalus nonggangensis

体形中等，雄性体长30～35 mm，雌性34～38 mm。头长略大于头宽，吻部圆形，吻上棱圆形，颊部倾斜略凹陷，瞳孔横置，鼓膜明显，背侧褶缺失；前肢短且纤细，后肢趾端膨大，均具吸盘及边缘沟，趾间均无蹼，趾1/3处具蹼。体背面皮肤光滑，头背、上下唇、体背、体侧、颊部、鼓膜淡黄橄榄色，自两眼间到肩部有一深绿色不规则宽斑，分叉于背部后端；四肢有深绿色的横向宽条纹；咽部、胸部以及腹部白色，有淡灰蓝色斑点及棕色纹路。雄性具咽下内声囊，雄性线缺失。

生活于海拔200～500 m喀斯特常绿林的灌木丛及草丛中，周围无水体。

我国分布于广西，国外分布于越南。

树蛙科 Rhacophoridae，纤树蛙属 *Gracixalus*
中国红色名录：近危（NT）
全球红色名录：濒危（EN）

云南纤树蛙
Gracixalus yunnanensis

雄蛙体长26～34 mm。吻部圆形，鼓室上皱褶明显，虹膜青铜色；背面黄棕色或红棕色，有明显的锥形结节和呈倒"Y"形的深棕色标记，颞区无白色斑块；跖蹼不发育；身体侧面几乎光滑，无黑色斑点；四肢背侧棕色，有深棕色条；腹表面橘黄色，几乎无瑕，半透明，咽喉、胸部、腹部和肛门有颗粒。雄性第1指有婚垫，有外部鼓下声囊，白色雄性线可见。

见于草本植物的叶片上。

我国分布于云南南部，国外分布于老挝和越南。

树蛙科 Rhacophoridae，纤树蛙属 *Gracixalus*

锯腿原指树蛙
Kurixalus odontotarsus

雄蛙体长28～36 mm，雌蛙体长约43 mm。吻圆，吻棱不明显，颊部斜出凹入，鼓膜大而清晰；背面皮肤粗糙，散有小的锥状疣粒；前肢指间无蹼，后肢细长，趾间具3/4蹼或近于全蹼，吸盘大，指、趾端均有吸盘及边缘沟；咽喉部光滑，腹部疣粒大。体背面带黑色，疣粒呈白点状或灰白色，两眼间有一横纹，背部有一个方形或三角形深棕色大斑；四肢具横纹，前臂及跗跖部外侧有锯齿状肤突；咽喉部黑，腹部及四肢腹面有黑色与蓝灰色云斑。雄蛙具单咽下内声囊。

栖息于海拔250～1500 m山地森林和灌木林间溪流及其附近，成蛙晚上停歇在灌木、藤本植物、杂草的枝条或叶片上。

我国分布于西藏、广西、贵州、云南、广东、海南，国外分布于越南、老挝。

树蛙科 Rhacophoridae，原指树蛙属 *Kurixalus*
中国红色名录：无危（LC）
全球红色名录：无危（LC）

金秀刘树蛙
Liuixalus jinxiuensis

体形小，雄蛙体长16～18 mm，雌蛙体长18～19 mm。吻钝尖，突出于下唇，鼓膜明显，虹彩双色；背面皮肤光滑，散布痣粒，背中线有一纵向弱肤棱，体背及大腿背面有弱的肤棱，颞褶明显；指间无蹼，趾间具微蹼，后肢长，吸盘发达；腹面有不规则暗斑，具扁平疣。背面颜色多为棕色、棕褐色或浅橄榄褐色，两眼间有深色横纹或倒三角形斑，肩上方有一个"X"形深色斑，其后还有一个"∧"形斑纹；四肢背面具深色横纹；腹面乳白色带金黄色，有少数深色小点。雄性第2指上有乳白色婚垫，有单咽下外声囊，无雄性线。

生活于海拔350～1163 m保护完好的原始森林中，见于林下落叶层中，在树洞或竹洞中的积水内产卵。

我国分布于广西、广东，国外分布于越南。

树蛙科 Rhacophoridae，刘树蛙属 *Liuixalus*
中国红色名录：数据缺乏（DD）
全球红色名录：无危（LC）

十万大山刘树蛙
Liuixalus shiwandashan

体形较小，雄蛙体长16～19 mm，雌蛙体长19～20 mm。头部相对较宽，吻钝尖，颊部向外倾斜，颊面凹陷，鼓膜明显；背部皮肤光滑散有扁平疣粒，体侧隆起；后肢细长，趾尖圆形膨大，趾端与指端同，指、趾间缘膜明显，指间无蹼，趾间蹼不发达；腹部具扁平疣粒。体背和体侧黄棕色，背部具")("形棕色斑纹；四肢背面黄色并有棕色横纹；喉部、胸部及腹部黄白色无斑纹或白色带有稀疏黑色斑点，四肢腹面透明，略带灰色，颌下方有黑色条纹。雄蛙第1、2指上具白色婚垫。

生活在海拔250～1000 m的森林环境，繁殖期4—5月，在林中地面小水坑或渗水区繁殖产卵。

中国特有种，分布于广西。

树蛙科 Rhacophoridae，刘树蛙属 *Liuixalus*
中国红色名录：近危（NT）
全球红色名录：数据缺乏（DD）

墨脱棱鼻树蛙
Nasutixalus medogensis

　　雄蛙体长约45 mm。吻圆，吻棱明显突起，鼻后具有突出的鼻棱，虹膜棕黑色并有"X"形黄白色细斑；背面皮肤较光滑，头背面和身体前部有小疣粒，整个背面和侧面为绿色和浅棕色相交，体背具一个较宽的"X"形浅棕色斑；四肢背面具浅棕色横纹，指、趾端具吸盘和边缘沟，指间具蹼迹，趾间蹼较发达，为半蹼，指、趾末端呈"Y"形；胸部浅乳黄色，腹面余部肉色。雄蛙第1、2指的背面有婚垫。

　　生活于海拔约1620 m热带雨林中离地5 m以上的树上，繁殖在树洞积水中进行，不到地面水坑繁殖。蝌蚪在树洞内完成变态。

　　中国特有种，分布于西藏。

树蛙科 Rhacophoridae，棱鼻树蛙属 *Nasutixalus*
中国红色名录：数据缺乏（DD）

凹顶泛树蛙
Polypedates impresus

　　体形中等，雄蛙体长约65 mm，雌蛙体长约75 mm。头长宽几乎相等，头及背腹均扁平，吻端尖出，略超过下颌，吻棱显著，鼓膜圆形，颞褶平直，上唇缘色白，仅颞部有一条棕色横纹；体背面皮肤光滑无疣，浅棕色，无背侧褶，体侧无斑纹；四肢背面有深棕色横纹，前肢腹面和胫、跗、趾部腹面浅藕荷色且具小麻斑；头体及股部腹面乳白或乳黄色，咽、胸部光滑有褐色斑点，胸腹部和股腹面密布扁平疣，股后部有灰褐色网状斑纹和小圆点。
　　生活在海拔850 m澜沧江河谷旁小丘陵草丛中。
　　中国特有种，分布于云南、贵州、广西。

树蛙科 Rhacophoridae，泛树蛙属 Polypedates
中国红色名录：无危（LC）

斑腿泛树蛙
Polypedates megacephalus

体形中等，雄蛙体长41～48 mm，雌蛙体长57～65 mm。头顶扁平，头长宽几乎相等，吻端尖圆形，突出于下颌，吻棱棱角状，颊部内陷，鼓膜大；背面皮肤光滑，有细小痣粒；前肢指端均有吸盘及横沟，指间无蹼，指侧有缘膜，后肢较长，趾间半蹼；体腹面咽、胸部疣较小，腹部疣大而稠密。背面颜色多为浅棕色、褐绿色或黄棕色，有深色"X"形斑或仅散有深色斑点；腹面乳白或乳黄色，咽喉部有褐色斑点，股后有网状斑。雄蛙第1、2指基部内侧有乳白色婚垫，有一对咽侧内声囊，有雄性线。

栖息于海拔2200 m以下热带、亚热带山地和丘陵地区，见于农田、草地、灌丛、园林、森林、溪流、水塘、湿地等。繁殖期4—9月，产卵在静水水凼、池塘中水草上或边缘的草丛叶上。

我国分布于热带和亚热带地区，国外分布于印度、缅甸、泰国、老挝、越南。

树蛙科 Rhacophoridae，泛树蛙属 *Polypedates*
中国红色名录：无危（LC）
全球红色名录：无危（LC）

无声囊泛树蛙
Polypedates mutus

　　体形中等，雄蛙体长52～63 mm，雌蛙体长53～77 mm。背面有多条深色纵纹，皮肤光滑，背面满布极细的痣粒，颞褶平直达肩部上方；体侧及腹面具扁平疣；四肢横纹清晰，股后有网状斑纹，外侧指间无蹼；上唇缘色白，腹面黄白色或白色，咽喉部有棕色细点。雄蛙无声囊。

　　生活在海拔50～1100 m丘陵、山区林地，也常在稻田、污水坑、田坎边和水塘杂草间生活。此蛙虽无声囊，但鸣声清脆而响亮，值得进一步研究。繁殖期5—7月，卵多产在静水稻田、水塘、沼泽边的草丛、灌木枝叶上或潮湿的泥窝内、石穴旁。

　　我国分布于重庆、贵州、云南、广西、广东、海南，国外分布于缅甸、老挝、越南、泰国。

树蛙科 Rhacophoridae，泛树蛙属 *Polypedates*
中国红色名录：无危（LC）
全球红色名录：无危（LC）

陇川灌树蛙
Raorchestes longchuanensis

雄蛙体长18～21 mm，雌蛙体长20～22 mm。上眼睑疣粒稍多于背部的，两眼间有黑色三角斑；背面有一个"X"形斑，颞褶明显，体侧色浅，胯部有棕黑色短纹；雄蛙背面皮肤光滑，扁平疣粒稀疏，雌蛙背面满布小疣，疣顶具一个白色小颗粒；四肢背面横纹显著，趾间蹼不发达，第4、5趾间具1/4蹼，指、趾吸盘橘红色；腹面灰蓝色，扁平疣密集，咽部皮肤光滑，外声囊皮肤呈薄膜状。

生活于海拔1150～1600 m热带、亚热带河谷灌丛中。成蛙常隐蔽于树叶背面，很难被人发现；繁殖期5—9月，黄昏后雄蛙鸣叫声清脆而洪亮。

我国分布于云南，国外分布于越南。

树蛙科 Rhacophoridae，灌树蛙属 *Raorchestes*
中国红色名录：近危（NT）
全球红色名录：无危（LC）

勐腊灌树蛙
Raorchestes menglaensis

体形小，雄蛙体长15～18 mm，雌蛙体长18～23 mm。头长宽几乎相等，吻端钝圆，略突出于下唇，鼓膜不清晰。背面皮肤较粗糙，具大小疣粒；腹部及股腹面具大小均一的扁平圆疣；前臂指端均有吸盘和边缘沟，指间无蹼，指侧无缘膜，后肢细，趾间具蹼迹或1/4蹼，趾侧无缘膜。体背多为灰白色或浅灰棕色，少数雄蛙色较深，眼间至枕后有深色倒置角斑，背部具一深色蝶形斑；四肢有褐黑色横纹1～3条；腹面色浅，有不规则深色斑纹，咽喉部尤为明显。雄蛙第1、2指有白色婚垫，具单咽下内声囊，无雄性线。

生活于海拔600～1100 m森林、林缘、河谷或开阔地的低层植物上，也见于山溪两旁的灌丛中，夜间常匍匐于叶片上。

我国分布于云南，国外分布于越南。

树蛙科 Rhacophoridae，灌树蛙属 *Raorchestes*
中国红色名录：易危（VU）
全球红色名录：无危（LC）

双斑树蛙
Rhacophorus bipunctatus

雄蛙体长32～39 mm，雌蛙体长50～56 mm。吻端圆或有一个尖肤突，鼓膜为眼径的一半；背面皮肤光滑；前臂后外侧有弱肤棱，胫跗关节处有一个三角形小肤褶，趾间蹼达趾吸盘而不为满蹼；腹面具颗粒状扁平疣。背面颜色和斑纹变异颇大，多为绿色、蓝色、灰蓝色或灰紫色，无斑或散有深色小斑点，体侧腋部有大小黑斑各一个，其后还有一较小黑斑；指、趾橙黄色或外侧指、趾绿色。雄蛙有咽下声囊。

生活在海拔100～2200 m山区低地茂密的常绿林及其边缘、竹林或果园中，树栖，产卵在流动浅水流上方的树枝上，随后落入雨后形成的水坑或溪流中完成发育。

我国分布于云南、西藏、广西、海南，国外分布于印度、孟加拉国、缅甸、泰国、马来西亚、柬埔寨、老挝、越南。

树蛙科 Rhacophoridae，树蛙属 *Rhacophorus*
中国红色名录：无危（LC）
全球红色名录：无危（LC）

黑蹼树蛙
Rhacophorus kio

体形较大，雄蛙体长64～74 mm，雌蛙体长74～95 mm。通体背面纯绿色或绿黄色，少数有乳白色斑点或深绿色横纹，腋部有大黑色斑，肤褶黄白色，瞳孔暗褐色，虹彩金黄色；趾间蹼大部为黑色，指、趾间为满蹼；腹面黄绿色。皮肤平滑，体侧、胸腹部及股后满布小圆疣，股腹面小圆疣间杂以较大圆疣；前臂外侧有一条宽厚的肤褶，肘关节内侧亦有肤褶，肛后上方有显著的肤褶。

栖息于海拔200～1800 m茂密的热带雨林和季雨林中。干旱季节分散于低地有坡度的树林中，雨季为繁殖季节，成体从树冠上成群下降到水塘上方的乔木、灌丛、草丛叶片上，雨后夜晚抱对产卵。

我国分布于云南、广西，国外分布于印度、老挝、泰国、柬埔寨、越南。

树蛙科 Rhacophoridae，树蛙属 *Rhacophorus*
中国红色名录：易危（VU）
全球红色名录：无危（LC）

老山树蛙
Rhacophorus laoshan

体形小，雄性体长约35 mm。头长小于头宽，吻端钝尖，突出于下唇，吻棱明显，颊面略向外倾斜，鼓膜圆形；体背面皮肤光滑，头体侧面和四肢背面有小疣，眼部上方有三角形小肤褶，前臂和跗跖外侧有锯齿状肤棱；前臂指侧具缘膜，指端均有吸盘和边缘沟，后肢长，趾吸盘略小于指吸盘，均具边缘沟，趾间半蹼；胸、腹及股部腹面满布扁平圆疣，咽喉部疣粒小而稀。背面颜色和斑纹变异大，多为巧克力色、灰棕色或棕黄色，两眼间有一条褐色横纹；四肢背面有褐色宽横纹；咽部、胸部、前肢和后肢腹面浅紫褐色，腹部腹面肉色。

生活在海拔1390 m左右山地次生阔叶林和竹林混生林区，地面灌丛和杂草生长茂盛。5月下旬的雨夜在树间活动，雄蛙在1～3 m高的灌木枝叶上鸣叫。

中国特有种，分布于广西。

树蛙科 Rhacophoridae，树蛙属 *Rhacophorus*
中国保护等级：II级
中国红色名录：濒危（EN）
全球红色名录：数据缺乏（DD）

红蹼树蛙
Rhacophorus rhodopus

雄蛙体长30～39 mm，雌蛙体长37～52 mm。通身背面红棕色，皮肤平滑，有不明显的深色斑纹，一般背部有一个棕色"X"形斑，后端有几条深色横纹，体侧亮黄色或灰蓝色、灰黄色，腋部有一块黑色圆斑和少数小斑点，腋、胯部有橘黄色或黑色斑；前臂后外侧有窄肤褶，胫跗关节后方有横肤褶，四肢背面有深色横纹，趾间具全蹼，蹼猩红色。肛上方有一条显著肤褶，颞褶明显，胸腹部及股下方满布小疣。

栖息于海拔250～2100 m热带低地或山地茂密的热带雨林或季雨林中。白天多隐蔽于草丛下；夜间在草丛、灌木和阔叶树上捕食昆虫等。繁殖期5—8月，呈泡沫状卵群产于缓流上方的树枝上。秋后成蛙蛰伏于树洞或竹筒内越冬。

我国分布于云南、西藏、广西、海南，国外分布于印度、缅甸、泰国、老挝、越南、柬埔寨。

树蛙科 Rhacophoridae，树蛙属 *Rhacophorus*
中国红色名录：无危（LC）
全球红色名录：无危（LC）

横纹树蛙
Rhacophorus translineatus

雄蛙体长52～60 mm，雌蛙体长59～65 mm。头部较扁平，吻端呈锥状，向前突出于下唇，吻棱明显，鼓膜清晰，颞褶细；体背光滑，颜色有变异，多为棕褐色、红棕色或棕黄色，有9～12条深褐色横纹，头侧灰黄色，体侧及上臂黑色，有黄色圆斑；四肢背面有横纹，股后褐色与橘红色交织成网状斑，蹼橘红色或黑色，胫跗关节处有一个三角形片状肤褶，指宽扁，指吸盘大，后肢较细，4趾外侧缘膜较宽。腹面满布扁平疣，橘黄色，咽喉部色浅。

生活于海拔1200～1500 m山地植物茂密、潮湿的水坑、静水塘或湖边周围沼泽带，白天隐蔽于草丛、灌丛或树上，黄昏后外出活动。繁殖期5—8月，成蛙多在夜间产卵于水塘边植物叶片边缘。

我国分布于西藏。

树蛙科 Rhacophoridae，树蛙属 *Rhacophorus*
中国红色名录：易危（VU）
全球红色名录：数据缺乏（DD）

白斑棱皮树蛙
Theloderma albopunctatum

体形小，体长约33 mm。头顶平坦，头长略大于头宽；吻端高，不突出于下唇缘，鼻孔近吻端，吻棱不显，颊部几近垂直，鼓膜清晰，无犁骨齿。四肢短而粗壮，前臂及指长不到体长之半，指端有吸盘及边缘沟；后肢较前肢粗壮，前伸贴体时胫跗关节达眼中部，趾端与指端同，吸盘较小。背面皮肤较光滑，有痣粒，斑纹颇为醒目，身体背面有3块污白斑，白斑之间褐黄色；股部近端及胫跗关节处也有污白斑；四肢褐黄色，有黑色横纹，其间有很细的白线纹；胸、腹及股部满布扁平疣，其余部位平滑。

生活于海拔850～1350 m山地湿性森林，在池塘中繁殖产卵。

我国分布于广西、云南、海南，国外分布于越南、老挝、泰国、缅甸。

树蛙科 Rhacophoridae，棱皮树蛙属 *Theloderma*
中国红色名录：近危（NT）
全球红色名录：数据缺乏（DD）

北部湾棱皮树蛙
Theloderma corticale

　　体长约52 mm。体扁平，头长小于头宽，吻端圆而高，吻棱显著，吻前端、外鼻孔上面有两个锥状突起，鼓膜近圆形；皮肤粗糙，全身布满疣粒，从眼角沿颞褶至肩部有一列小疣粒，下颌缘内侧亦有一列小疣粒，呈弧状排列；前臂和跗部外侧缘至指、趾端有向外突出呈锯齿状的乳白色疣粒，指端吸盘横椭圆形，指间无蹼，后肢较长，趾间具全蹼。体绿色，有不规则黑褐色斑，色斑对应的大疣粒深橘红色，体侧绿色较浅；四肢背面具深色横纹；腹面淡绿色，满布紫黑色云斑。雄蛙第1指基有白色婚垫，背侧有雄性线，无声囊。

　　生活于海拔470～1500 m原始常绿阔叶林山谷溪涧，白天隐匿在有积水的落叶层下，夜晚见于长满苔藓植物的峭壁岩石上。产卵于充满水的岩洞中。

　　我国分布于广西、云南、海南、广东，国外分布于越南、老挝。

树蛙科 Rhacophoridae，棱皮树蛙属 *Theloderma*
中国红色名录：近危（NT）
全球红色名录：无危（LC）

印支棱皮树蛙
Theloderma gordoni

　　体较扁平，体长约50 mm。头长略小于头宽，吻端圆而高，吻棱显著，鼓膜大而圆，从眼角至口角有一列小疣粒；皮肤粗糙，全身布满明显隆起的疣粒，头部及躯体前部疣粒大且集中；指端吸盘横椭圆形，指间无蹼，后肢较长，趾间具全蹼，前臂和跗部外侧缘至指、趾端有向外突出的大疣粒。体背棕色或暗绿色，有的疣粒深橘红色；四肢背面无横纹；腹面淡绿色，满布紫黑色云斑。

　　生活于海拔600～1500 m喀斯特地貌山地森林。白天隐匿在有积水的落叶层下，夜晚见于山谷溪涧边、长满苔藓植物的岩石上；繁殖期4—6月，雌蛙产卵于充满水的树洞中或岩溶洼地。

　　我国分布于云南，国外分布于泰国、老挝、越南。

树蛙科 Rhacophoridae，棱皮树蛙属 *Theloderma*
中国红色名录：数据缺乏（DD）
全球红色名录：无危（LC）

砖背棱皮树蛙
Theloderma lateriticum

　　体形小而窄长，头长略大于头宽，吻端高，略突出于下唇，鼓膜大于第3指吸盘；皮肤平滑，背面多为茶褐色，两眼间、背正中、肩上方及体侧近胯部各有一黑斑，上颌缘及体侧有白点；前肢细长，前臂无横纹，指、趾端有吸盘及边缘沟，指间无蹼，后肢细长，趾间约为半蹼，外侧跖间无蹼，股、胫部各有2～3条黑横纹，指、趾吸盘浅白色。腹面灰白色。

　　生活于海拔240～1400 m山区常绿林间小溪流的静水塘及其附近。
　　我国分布于广西，国外分布于越南。

树蛙科 Rhacophoridae，棱皮树蛙属 *Theloderma*
全球红色名录：无危（LC）

棘棱皮树蛙
Theloderma moloch

体较细，体长约41 mm。头短宽而扁平，吻端横截，吻棱不明显，眼大而突出，颊部几乎垂直，略凹陷，鼓膜显，黑色；无颞褶，无背侧褶，背面疣粒明显突出，纵向或斜向排列成锯齿状肤棱；四肢细短，指吸盘大，指间无蹼；咽喉部和四肢腹面皮肤光滑，腹部和体侧有扁平疣。背面灰色，有黑斑点，大疣浅黄色，鼓膜黑色，体侧在前后肢之间有一个大的不规则黑色和白色斑块，腋部有一个白斑；股部外侧横纹不规则，有黑色、白色和灰色云斑；腹面黑色，满布虫样网纹。

生活于海拔300～1500 m热带森林和灌丛中，树栖，在周边长满灌丛的水塘中繁殖。

我国分布于西藏、云南，国外分布于印度。

树蛙科 Rhacophoridae，棱皮树蛙属 *Theloderma*
中国红色名录：数据缺乏（DD）
全球红色名录：易危（VU）

红吸盘棱皮树蛙
Theloderma rhododiscus

体形小而窄长,雄蛙体长25～27 mm,雌蛙体长24～31 mm。头部扁平,头长略大于头宽,吻端高,略突出于下唇,鼓膜大;皮肤粗糙,背面满布白色痣粒组成的肤棱,头部及上眼睑上疣粒明显;前肢指端有吸盘及边缘沟,指间无蹼,后肢细长,趾间约为半蹼;腹面满布扁平疣。背面多为茶褐色,在鼻眼之间、两眼间、背正中、肩上方及体侧近胯部各有一黑斑;前臂及股、胫部各有1～3条黑横纹,指、趾吸盘橘红色;上颌缘及体侧有白纹或白点,腹面黑褐色,有灰白色斑纹。雄蛙第1指有灰白色婚垫,无声囊,无雄性线。

生活于海拔830～1350 m山区林间静水塘及其附近。在树洞、竹茎、小水坑中繁殖。

我国分布于广西、广东、云南、福建,国外分布于越南。

树蛙科 Rhacophoridae,棱皮树蛙属 *Theloderma*
中国红色名录:近危(NT)
全球红色名录:近危(NT)

缅甸树蛙
Zhangixalus burmanus

体形中等，雄蛙体长53～72 mm，雌蛙体长66～82 mm。雄蛙头长略大于头宽，雌蛙则反之；鼻孔以前至吻部极度向前倾斜，并突出于下颌，吻棱显著，颊面凹入；鼓膜斜置呈椭圆形；吻棱、上眼睑外缘和颞褶有浅棕色带纹。背面草绿色，有稀疏的棕色小斑点；体侧至胯部、股内外侧有许多大小不等的乳黄色斑点，多镶有酱紫色的边。指、趾和蹼暗棕色。腹面浅紫棕色，分布有数目不等的深色斑点。

生活在海拔1300～2300 m的常绿阔叶林中，可在大型乔木上栖息。产卵在水函上方中小型树叶上，产卵时，将若干片树叶收拢，并产卵于包裹的叶中。产卵季节鸣声低沉。

我国分布于西藏、云南，国外分布于印度、缅甸。

树蛙科 Rhacophoridae，**张树蛙属** *Zhangixalus*
中国红色名录：近危（NT）
全球红色名录：近危（NT）

经甫树蛙
Zhangixalus chenfui

雄蛙体长33～41 mm，雌蛙体长46～55 mm。头体较扁平，吻端钝尖，鼓膜距眼后角远。皮肤光滑，背面满布均匀的细痣粒；前肢指间有蹼，后肢短，趾吸盘略小于指吸盘，趾间半蹼；咽、胸部有少数扁平疣，腹部和股部下方密布扁平疣。整个背面纯绿色，上下唇缘、体侧、四肢外侧及肛部上方有乳黄色细线纹，线纹以下为藕荷色，指、趾端及蹼浅棕黄色；腹面黄白色。雄蛙第1指基部有乳白色婚垫，具单咽下外声囊，有雄性线。

生活在海拔900～3000 m山区低地树林和灌木环境的水沟、水塘或梯田边。黄昏后多在灌丛、草丛中活动，也有隐匿于水边石块下或石缝中的。5—7月在静水水域如池塘、水坑、台地繁殖产卵。

中国特有种，分布于四川、重庆、云南、贵州、江西、湖南、湖北、福建。

树蛙科 Rhacophoridae，张树蛙属 *Zhangixalus*
中国红色名录：无危（LC）
全球红色名录：无危（LC）

408

大树蛙
Zhangixalus dennysi

体形大而窄长，雄蛙体长约81 mm，雌蛙体长约99 mm。头部扁平，鼓膜大而圆；背面皮肤较粗糙，有小刺粒；前肢指端均具吸盘和边缘沟，指间蹼发达，后肢较长，第3、4趾间半蹼，其余趾间具全蹼；腹部和后肢股部密布较大扁平疣。整个背面绿色，有镶浅色线纹边的棕黄色或紫色斑点，体侧有成行的白色大斑点或白纵纹；前臂后侧及跗部后侧均有一条较宽的白色纵线纹，指、趾间蹼有深色纹；下颌及咽喉部为紫罗兰色，腹面其余部位灰白色。雄蛙第1指基部有浅灰色婚垫，具单咽下内声囊，有雄性线。

生活于海拔80～1500 m山区原始森林中溪流或其旁边的静水塘，常见于河岸树林内、稻田、水塘及其附近的灌木和草丛中，主要捕食昆虫及其他小动物。4—5月抱对并产卵于田埂或水坑壁上，有的产在灌丛或树枝叶上。

我国分布于重庆、贵州、广西、广东、海南、福建、湖南、江西、浙江、湖北、安徽，国外分布于缅甸、老挝、越南。

树蛙科 Rhacophoridae，张树蛙属 *Zhangixalus*
中国红色名录：无危（LC）
全球红色名录：无危（LC）

绿背树蛙
Zhangixalus dorsoviridis

雄蛙体长36～42 mm。吻端钝圆，吻棱明显，眼较大，鼓膜明显，颞褶斜直；皮肤平滑，背面无明显疣粒；前肢短而粗壮，指端吸盘显著膨大，具边缘沟，后肢短，趾吸盘略小于指吸盘，趾间半蹼；头腹面和胸部平滑无疣粒，腹部布满均匀小疣，股后部疣粒较明显。体和四肢背面翠绿、灰绿或棕绿色，背后部散有不规则黄绿色或亮绿色小点，体侧灰白色，与体背分界明显，近胯部和股外侧有2～5个椭圆形黑斑，股内侧和胫内侧有小黑斑，肛上缘横肤褶白色；指、趾背面灰棕色；腹面黄白色，喉部有灰黑色细点。繁殖期雄性腹面鲜黄色，股部前后橘红色，具单咽下内声囊，雄性线不明显。

生活在海拔1600～2100 m山地常绿阔叶林及竹木混交林区。成蛙常见于藻类和腐殖质丰富的沼泽或平缓溪流附近，多在腐殖土或泥潭、苔藓下掘洞筑巢栖息，繁殖期在3月中旬。

我国分布于云南，国外分布于越南。

树蛙科 Rhacophoridae，张树蛙属 *Zhangixalus*
中国红色名录：近危（NT）
全球红色名录：数据缺乏（DD）

棘皮树蛙
Zhangixalus duboisi

体扁平，雄蛙体长约59 mm，雌蛙体长约76 mm。头宽略大于头长，鼓膜大而圆。皮肤粗糙，满布小刺疣，背面多为绿色，有棕色斑纹交织成的网状斑。指间蹼较发达，指、趾吸盘均具边缘沟；后肢细长，趾间具全蹼，仅第4趾以缘膜达趾端。腹面和股部下方密布扁平疣，有黑斑点。

生活在海拔1500～2400 m山区林木繁茂而潮湿的地带，常栖息在竹林、灌木和杂草丛中，或在水池边石缝或土穴内。繁殖期3—5月，抱对时雄蛙前肢抱握在雌蛙的腋部爬上树，在下方有水塘的树枝叶片间产卵，乳黄色卵泡悬挂在水坑上方树叶或竹叶间，蝌蚪孵化后随雨水坠入水坑中生活。

我国分布于云南东南部，国外分布于越南西北部。

树蛙科 Rhacophoridae，张树蛙属 *Zhangixalus*
中国红色名录：近危（NT）
全球红色名录：数据缺乏（DD）

宝兴树蛙
Zhangixalus dugritei

体较肥壮，雄蛙体长42～45 mm，雌蛙体长58～64 mm。头扁，头宽大于头长，雄蛙吻端斜尖，雌蛙吻端圆而高；背面皮肤有小疣；指间蹼显著，指、趾吸盘具边缘沟，后肢短。体背面多为绿色或深棕色，散有不规则的棕红色斑点，斑点边缘色较深；腹面乳白色，散有黑色斑点或云斑。雄蛙第1、2指基部有乳白色婚垫，具单咽下外声囊，有雄性线。

生活在海拔1400～3200 m山区林间静水池（坑）边及其附近杂草丛中，所在环境阴湿。繁殖期5—7月，卵产在水塘水陆交界处的泥窝内或苔藓、草皮下。蝌蚪多在水的底层或中层活动。

我国分布于四川、云南，国外分布于越南北部。

树蛙科 Rhacophoridae，张树蛙属 *Zhangixalus*
中国红色名录：易危（VU）
全球红色名录：无危（LC）

416

棕褶树蛙
Zhangixalus feae

体形大，雄蛙体长86～111 mm，雌蛙体长68～116 mm。头顶平，头长宽近相等，吻端略钝尖，突出于下唇，吻棱明显，颊部略向外倾斜，颊面凹陷，鼓膜大而清晰。头侧和前后肢背面光滑，背面皮肤粗糙，雄蛙背面密布小白刺，雌蛙背面及体侧有疣粒，颞褶明显；前臂较粗，吸盘大，有马蹄形边缘沟，指蹼发达，后肢吸盘较小，趾间满蹼；胸、腹及股腹面有密集扁平疣粒。背面颜色多为暗绿色或蓝绿色，散有棕色斑点，沿吻棱、上眼睑外侧至颞褶有棕红色线纹；四肢均无横纹；腹面浅紫褐色或浅灰黄色，间以深褐色花斑，掌、跖及后肢腹面肉红色或肉黄色。

生活在海拔1000～1400 m山区或半山区常绿林带的静水水域或溪流及其附近，树栖为主。繁殖期5—7月，成体大量出现在水体旁岩石上或水体上方的树枝、叶片上，卵泡产在水塘或山溪上方，蝌蚪孵化后落入水中继续发育。

我国分布于云南，国外分布于缅甸、泰国、老挝、越南。

树蛙科 Rhacophoridae，**张树蛙属** *Zhangixalus*
中国红色名录： 易危（VU）
全球红色名录： 无危（LC）

白线树蛙
Zhangixalus leucofasciatus

体扁平，雄蛙体长35～48 mm。头长略大于头宽，吻端钝圆，吻棱明显，颊部略向外侧倾斜；皮肤光滑，除前后肢外，背面密布小痣粒，背面绿色无斑，从吻端和上颌缘经体侧至胯部有一条乳白色纵带纹；前臂背面白色，前臂、前肢、跖、后肢外侧缘及肛部上方有乳白色纹，蹼近于灰黑色或灰紫色；腹面满布扁平小疣，乳黄色。

生活在海拔750～850 m山区竹林里，栖于水沟边的竹叶上。

中国特有种，分布于重庆、贵州、广西。

树蛙科 Rhacophoridae，张树蛙属 *Zhangixalus*
中国红色名录： 易危（VU）
全球红色名录： 数据缺乏（DD）

侏树蛙
Zhangixalus minimus

雄蛙体长28～33 mm，雌蛙体长31～38 mm。体较扁平，头宽略大于头长，吻微突出于下唇，吻棱明显，颊褶弯曲，鼓膜圆而明显；皮肤光滑，上眼睑、颌后部和前臂外侧有小疣；前肢指端具吸盘和边缘沟，后肢趾吸盘略小，趾间约1/3蹼，以缘膜达趾端；腹部和股部腹面满布扁平疣。体和四肢背面浅绿色，散有褐色细点，从上唇经颊部下方和体侧至胯部有一条黄白色带纹；四肢内外侧、前肢和跗足外侧均为黄白色，四肢被遮盖部位以及指、趾端肉黄色；腹面肉黄色或肉红色。

生活在海拔900～1600 m山区原始季风常绿阔叶林。成蛙常栖息于草丛、灌丛内或浅水塘边。

中国特有种，分布于广西。

树蛙科 Rhacophoridae，张树蛙属 *Zhangixalus*
中国红色名录：近危（NT）
全球红色名录：近危（NT）

黑点树蛙
Zhangixalus nigropunctatus

　　雄蛙体长32～37 mm，雌蛙体长44～45 mm。颞褶弯而斜至口角后；胫跗关节处灰白色，肘关节至肛上方有细肤棱；背面皮肤光滑；胸、腹、股腹面满布扁平疣。背面鲜绿色或绿黄色，有稀疏浅黄色小点或无，体侧及股前后方黄色，有圆形或条状黑斑；四肢外侧和肛上方灰白色；腹面灰白色，咽喉部沿下唇缘黑灰色。

　　生活在海拔600～2150 m山区林缘、灌木林溪流岸边、水塘、沼泽及稻田附近。白天成蛙多隐蔽在潮湿的土洞或草丛中，夜间常活动在水塘、沼泽附近的灌丛、草丛上。冬季在泥沼中过冬，4月初出蛰，在池塘、水沟渠旁繁殖。

　　间断型分布，我国分布于贵州、云南、湖南、安徽，国外分布于越南。

树蛙科 Rhacophoridae，张树蛙属 *Zhangixalus*
中国红色名录：近危（NT）
全球红色名录：无危（LC）

峨眉树蛙
Zhangixalus omeimontis

体窄长而扁平，雄蛙体长52～66 mm，雌蛙体长70～80 mm。头宽略大于头长，雄蛙吻端斜尖，雌蛙吻端较圆而高，鼓膜大而圆。皮肤粗糙，满布小刺疣；指间蹼发达，指、趾吸盘均具边缘沟，后肢细长，趾间具全蹼；腹面和股部下方密布扁平疣。体背面多为草绿色，有棕色斑纹交织成的网状斑，有的棕色而斑纹为绿色；腹面有大小黑斑。雄性第1、2指基部背面有乳白色婚垫，具单咽下内声囊，有雄性线。

生活在海拔700～2000 m山区林木繁茂而潮湿地带，常栖息在竹林、灌木和杂草丛中，或水池边石缝或土穴内。繁殖期4—6月，雌雄蛙抱对后爬上树，在下方有水塘的树枝叶片间产卵，蝌蚪孵化后随雨水坠入水坑中。

中国特有种，分布于四川、贵州、云南、广西、湖南、湖北。

树蛙科 Rhacophoridae；张树蛙属 *Zhangixalus*
中国红色名录：无危（LC）
全球红色名录：无危（LC）

白颌大树蛙
Zhangixalus smaragdinus

雄蛙体长67~84 mm，雌蛙体长约70 mm。通身背面色彩亮丽，纯绿色，皮肤光滑，无斑，瞳孔暗褐色，虹彩金黄色，鼓膜后下方小疣多；前肢基部前下方、前臂后外侧至第5趾外侧缘膜上有白色线纹，下方衬以浅紫色线纹，指、趾蹼浅蓝黑色；腹面满布扁平圆疣，胸部光滑，腹面黄绿色或灰白色，散布褐色云状斑，下唇缘有一显著白色浅纹沿体侧延至胯部。

生活在海拔500~2000 m热带季雨林中，非繁殖期分散在林中树上，繁殖期则汇集在水塘旁的树或藤上抱对产卵。

我国分布于云南、西藏，国外分布于尼泊尔、不丹、印度东北部、孟加拉国北部、缅甸、泰国北部、老挝北部。

树蛙科 Rhacophoridae，张树蛙属 *Zhangixalus*
中国红色名录：近危（NT）
全球红色名录：无危（LC）

瑶山树蛙
Zhangixalus yaoshanensis

雄蛙体长约33 mm，雌蛙体长约51 mm。头部扁平，头长略小于头宽，吻端钝尖（雄蛙）或钝圆（雌蛙），稍突出于下唇，吻棱明显，鼓膜明显；皮肤光滑，雄蛙背面满布小痣粒，雌蛙背面光滑，颞褶明显，沿前臂及跗足外侧有略呈锯齿状的细肤棱；指端有吸盘和边缘沟，指间具蹼，后肢短，趾吸盘较小，趾间蹼发达；胸、腹部及股腹面有扁平疣。体背绿色；趾和蹼为浅黄色，前臂、手及跗足外侧细肤棱处及肛上方有白色细线纹；雄蛙腹面咽喉部色深，胸、腹部白色，背腹面颜色在体侧界线分明。

生活在海拔800～1500 m林区水塘及其附近。

中国特有种，分布于广西。

树蛙科 Rhacophoridae，张树蛙属 *Zhangixalus*
中国红色名录：濒危（EN）
全球红色名录：近危（NT）

新种补充描述

中国西南地区两栖动物11种新物种补充描述

中国西南地区两栖动物物种多样性丰富,尚未命名的物种仍在不断发现中。《中国西南野生动物图谱 两栖动物卷》通过具有典型和代表性的物种展现了中国西南地区丰富的两栖动物物种多样性,其中包括了11种未曾描述过的新物种。作为图谱正文的补充,在此特对11个两栖动物新物种:普洱蝾螈、麻栗坡瘰螈、片马疣螈、屏边掌突蟾、邦达齿突蟾、碧罗齿突蟾、梅里齿突蟾、云岭蟾蜍、永德溪蟾、邦达倭蛙、丙察察湍蛙分别做进一步的简要描述。新种模式标本均保存在中国科学院昆明动物研究所昆明动物博物馆两栖爬行动物标本库。

As a supplement to Atlas of Wildlife in Southwest China: Volume Amphibians, this paper further describes the eleven new amphibian species in this book, including *Cynops puerensis*, *Paramesotriton malipoensis*, *Tylototriton joe*, *Leptolalax pingbianensis*, *Scutiger bangdaensis*, *Scutiger biluoensis*, *Scutiger meiliensis*, *Bufo yunlingensis*, *Torrentophryne yongdeensis*, *Nanorana bangdaensis*, *Amolops binchachaensis*. The type specimens of the new species are kept in the Amphibian and Reptile Specimen Bank of the Museum of Kunming Institute of Zoology, Chinese Academy of Sciences.

普洱蝾螈
Cynops puerensis Rao, Zeng, Zhu and Ma, sp. nov.

正模标本Holotype: KIZ-06238,雌(female)。2015年7月4日采集自云南省普洱市思茅区莱阳河自然保护区,采集人:饶定齐。

副模标本Paratypes: KIZ-06218,雄(male);KIZ-06219,雄(male)。2015年7月5日采集自云南省普洱市思茅区莱阳河自然保护区,采集人:饶定齐、辉洪、张莉、徐崇华。

鉴别特征: 体长大于蓝尾蝾螈云南亚种;体背脊中央隆起明显,呈浅棕黄色,并与尾背脊棕黄色连接成一条线直至尾端;腹部具橘黄色斑纹,斑纹在腹部中央未分隔。

形态描述: 体长雄螈约90 mm,雌螈约110 mm,背部皮肤较粗糙。头、背、体侧及尾密布小痣粒和疣粒,眼后角下方和口角处及下唇缘有一块橘红色圆斑,枕部呈"V"形隆起与背脊棱相连直达体后端。头背部、体背部、四肢背面为棕黄色或棕褐色;体背脊中央隆起明显,浅棕黄色,并与尾背脊棕黄色连接成一条线直至尾端;咽喉部有喉褶及细颗粒;腹面较平滑,有细的横皱纹,腹部具橘黄色斑纹,斑纹在腹部中央未分隔。雄螈尾后段和尾末端略显蓝色,其上散布有不规则的黑色斑点。

地理分布: 中国特有种,分布于云南省普洱市和西双版纳傣族自治州。

生态习性: 生活在海拔1300 m左右的静水水域,如池塘、沼泽中。

物种对比: 普洱蝾螈形态(见78页图)与蓝尾蝾螈(见77页图)比较相近。普洱蝾螈体长稍长;体背脊中央隆起明显,呈浅棕黄色,并与尾背脊浅棕黄色连接成一条线直至尾端;腹部具橘黄色斑纹,斑纹在腹部中央未分隔;分布海拔较低,约1300 m。而蓝尾蝾螈雄螈体长72~85 mm,雌螈体长74~100 mm;体背脊中央隆起不明显,颜色与体背颜色基本一致;腹部具橘红色斑纹,斑纹一般在腹部中央形成分隔;分布海拔较高(1790~2400 m)。

麻栗坡瘰螈
Paramesotriton malipoensis Rao, Liu, Zhu and Ma, sp. nov.

正模标本Holotype：KIZ-RA150001，雄（male）。2015年9月30日采集自云南省文山壮族苗族自治州麻栗坡县老君山自然保护区，采集人：饶定齐。

副模标本Paratypes：KIZ-RA120001，雄（male）；KIZ-RA120002，雄（male）；KIZ-RA120003，雄（male）；KIZ-RA120004，雄（male）。2012年8月3日采集自云南省文山壮族苗族自治州麻栗坡县老君山自然保护区，采集人：饶定齐、欧阳德才、辉洪等。

鉴别特征：头部扁平，吻端突出于下唇，头部后端两侧各有1条鳃迹；尾末端较尖；背面皮肤满布痣粒，几无疣粒；体腹面光滑，无疣粒；体侧两边各有一纵侧棱直至尾中部，并具有明显的橘红色或棕黄色细小点斑；腹部和四肢腹面斑点多而密集。

形态描述：全长约110 mm，尾长几与头体长等长。头部扁平，前窄后宽，吻端突出于下唇，唇褶明显，头部后端两侧各有1条鳃迹；无颈褶，躯干圆柱状，背中央脊棱明显，无肋沟，躯干和尾部有横沟纹，体背侧各有一纵侧棱直至尾中部，体背面皮肤粗糙，满布痣粒，疣粒几无；体腹面光滑、无疣粒；前、后肢几乎等长，后肢更粗壮；尾基部圆柱状，向后逐渐侧扁，尾背、腹鳍褶薄而平直，尾末端较尖。全身黑褐色，体背侧沿侧棱各有一串明显的橘红色或棕黄色细小点斑至尾中部两侧；体腹面有较为密集的不规则的橘红色或橘黄色斑点；前、后肢基部均有一块较大的橘黄色斑，不同个体的四肢腹面有数量不等的橘黄色斑；尾下部橘红色，形成一条线直至尾端。

地理分布：中国特有种，分布于云南省文山壮族苗族自治州麻栗坡县。

生态习性：生活于海拔1200 m左右的山区峡谷溪流。白天隐伏，夜间外出觅食。繁殖期为4–6月，卵单生。

物种对比：麻栗坡瘰螈（见90、91页图）外部形态与织金瘰螈（见94、95页图）和龙里瘰螈（见89页图）较为相近，但具有：（1）头部扁平，吻端突出于下唇；（2）头部后端两侧各有1条鳃迹；（3）尾末端较尖；（4）背面皮肤满布痣粒，几无疣粒；（5）体腹面光滑，无疣粒；（6）体侧两边各有一纵侧棱直至尾中部，并具有明显的橘红色或棕黄色细小点斑；（7）腹部和四肢腹面斑点多而密集等特征与后二者不同。此外，龙里瘰螈体侧没有橘黄色斑。

片马疣螈
Tylototriton joe Rao, Zeng, Zhu and Ma, sp. nov.

正模标本Holotype：KIZ-GLGS16351，雄（male）。2000年7月27日采集自云南省怒江傈僳族自治州泸水县片马镇岗房村（高黎贡山西坡，26 01 06.7N，98 37 27.9E），采集人：饶定齐，Joseph B. Slowinski（Joe）等。

副模标本Paratypes：KIZ-GLGS16377，雄（male）；KIZ-GLGS16347，雌（female）；KIZ-GLGS16349，雌（female）；KIZ-GLGS16378，雄（male）。2000年7月27日采集自云南省怒江傈僳族自治州泸水县片马镇岗房村，采集人：饶定齐，Joseph B. Slowinski等。

鉴别特征：体形较小，头体长90~112 mm，尾长与头体长约相等；头两侧棱脊较直，与耳后腺前端未连接；体侧瘰粒较小、较少，前后间互不粘连；全身黑褐色，有的个体头侧、指趾和尾端色略浅。

形态描述：头体长90~112 mm，尾长与头体长约相等。头部扁平，吻端圆，无唇褶；躯干圆柱状，四肢较发达；尾部较弱，尾基较宽厚，向后逐渐侧扁，末端略尖。皮肤粗糙；头两侧棱脊明显，较直，与耳后腺前端未连接；背部中央脊棱明显，体背和尾前部满布痣粒，体两侧无肋沟，各有排列成纵行的圆形瘰粒13粒，瘰粒较小，前后互不粘连；体腹面疣粒大小一致，有横缢纹。全身黑褐色，有的个体头侧、指趾和尾端色略浅。

表1. 片马疣螈*Tylototriton joe* sp. nov. 标本测量值（mm）

标本号	性别	头体长	尾长	全长
KIZ-GLGS 16351	雄 male	56	59	115
KIZ-GLGS 16377	雄 male	56	55	111
KIZ-GLGS 16378	雄 male	53	55	108
KIZ-GLGS 16347	雌 female	62	66	128
KIZ-GLGS 16349	雌 female	59	62	121

地理分布：我国分布于云南；国外可能分布于缅甸。
生态习性：生活于海拔1200 m左右的亚热带山区。

物种对比：片马疣螈（见98页图）与棕黑疣螈（见104页图）较为相近，但体形较小，头体长雄性53~56 mm，雌性59~62 mm，尾长与头体长约相等；头两侧棱脊较直，与耳后腺前端未连接；体侧瘰粒较小，较少，前后互不粘连；全身黑褐色，有的个体头侧、指趾和尾端色略浅；其酒精浸泡标本因黑色褪色而显棕褐色。而棕黑疣螈体形较大，头体长达92~122 mm；头两侧棱脊后端向内弯曲，与耳后腺前端相连接；体侧瘰粒较大，较多，有的前后相互粘连；全身棕褐色，尤其头侧、四肢背面、背侧瘰粒和尾端为棕红色或红色。

注：学名为纪念两栖爬行类学家和蛇类研究专家约瑟夫-斯洛温斯基（Joseph B. Slowinski，昵称Joe）。2001年9月11日，他在缅甸东北部野外考察时因被蛇咬而去世，这是我们高黎贡山合作考察项目的第二年。

In memory of Joe (Joseph B. Slowinski), the herpetologist and snake expert, who was died in snake bite in the field expedition in Northeastern Myanmar in Sept. 11, 2001, the second year of our co-operated expedition in Mt. Gaoligongshan.

屏边掌突蟾
Leptolalax pingbianensis Rao, Hui, Zhu and Ma, sp. nov.

正模标本Holotype：KIZ-RA150002，雄（male，体长28 mm）。2015年11月7日采集自云南省红河哈尼族彝族自治州屏边苗族自治县大围山自然保护区，采集人：饶定齐。

副模标本Paratype：KIZ-RA150003，雌（female，体长39 mm）。2015年11月7日采集自云南省红河哈尼族彝族自治州屏边苗族自治县大围山自然保护区，采集人：饶定齐。

鉴别特征：体背皮肤较光滑，仅体侧有少量短皮肤褶；趾间仅具蹼迹。体背灰棕色或棕褐色，背部无白色点斑，体侧色浅，有3个醒目的成排纵置的深色块斑；胸腹部有深色斑点。

形态描述：体形较小，体长雄性约28 mm，雌性约39 mm。头宽大于头长，吻端钝圆，突出于下颌，鼓膜明显，颞褶较宽厚；背部皮肤较光滑，体背及体侧有少量短皮肤褶，胫部外侧有细长皮褶；腹面光滑，有一对腋腺。体背灰棕色或棕褐色，体侧色浅，有3个醒目的成排纵置的深色块斑；胸腹部有深色斑点，股后无深色斑。

地理分布：中国特有种，分布于云南。在《云南生物物种名录》（2016年版）首次明确为新种。

生态习性：生活在海拔1650~2400 m山间平缓溪流及其附近，周边多为繁茂的阔叶林，地面较阴湿。

物种对比：屏边掌突蟾（见119页图）形态与螯掌突蟾（见118页图）和高山掌突蟾（见114、115页图）较为相近。体形较螯掌突蟾小，且皮肤较光滑，背部无白色点斑，趾间仅具蹼迹，胸腹部有深色斑点。与高山掌突蟾相比，后者体形明显较小，体长雄性24~26 mm，雌性约32 mm，且头较高，长宽几乎相等，鼓膜大而圆，两眼间有三角形斑，两肩之间常有"W"形褐色斑和浅色大斑。

邦达齿突蟾
Scutiger bangdaensis Rao, Hui, Ma and Zhu, sp. nov.

正模标本Holotype： KIZ-200905179，雌（female，体长49.5 mm）。2009年8月2日采集自西藏自治区昌都市八宿县邦达镇，采集人：辉洪。

副模标本Paratypes： KIZ-RA16002，雌（female，体长48 mm）；KIZ-RA16004，雄（male，体长50 mm）；KIZ-RA16005，雄（male，体长45.5 mm）；KIZ-RA16006，亚成体（Juvenile，体长29 mm）。2016年10月采集自西藏自治区昌都市八宿县邦达镇，采集人：辉洪等。

鉴别特征： 体形较小，体长45~50 mm；头长和头宽几相等；体背侧疣粒大而稀疏，疣粒圆形，色浅，呈圆斑状；腹部无刺疣。

形态描述： 体形中等，体长雄蟾45~50 mm，雌蟾48~50 mm。头长几等于头宽，吻端圆，无鼓膜；除头部背面外，体和四肢背面有大小不等的疣粒，体背前端及四肢背面疣小，体侧疣粒大而稀疏，圆形；后肢短，无股后腺，胫跗关节前伸达肩部，指、趾端圆，趾侧缘膜宽，第4趾具1/2蹼；咽胸部及四肢腹面光滑。体背面灰橄榄色，两眼间有褐色三角斑或不显；腹面浅米黄色。雄性内侧3指婚刺细密；胸部有刺团2对，内侧的较大，刺细密；腹部疣粒多，无刺疣。

地理分布： 中国特有种，分布于西藏自治区昌都市八宿县。

生态习性： 生活在海拔约4600 m高原上草地间平缓溪流环境，成蟾陆栖为主，或隐蔽于溪流边缘草甸下。以鞘翅目、鳞翅目、双翅目等昆虫为食。繁殖期6-8月，成蟾进入溪内石块下，产卵于水中上层；蝌蚪在流溪之缓流处近岸边石下较多，白天分散隐于石下。

物种对比： 邦达齿突蟾（见190页图）形态与西藏齿突蟾（见191页图）、花齿突蟾（见196页图）相近。但西藏齿突蟾体形较大，体长雄蟾约53 mm，雌蟾约62 mm；头较扁平，头长略大于头宽；皮肤很粗糙，除头部背面外，体和四肢背面满布大小刺疣，腹部有刺疣，肛部周围刺疣较多；体背面颜色变异大，多为暗橄榄绿、灰褐、灰橄榄色，疣粒不呈浅色。邦达齿突蟾与花齿突蟾的区别在于后者体形大，体长雄性约65 mm，雌性约69 mm；吻棱不明显，颊部略向外侧倾斜；体背部橄榄绿色，有不规则的深棕色花斑；腹面略带肉红色。

碧罗齿突蟾
Scutiger biluoensis Rao, Hui, Zhu and Ma, sp. nov.

正模标本Holotype：KIZ-RA20190001，雄（male，体长73 mm）。采集自云南省迪庆藏族自治州维西傈僳族自治县南极洛垭口，海拔3800 m，采集人：饶定齐、王家忠、张红元、辉洪。

副模标本Paratypes：KIZ-RA20190004，亚成体雌（female, sub-adult，体长53.5 mm）。采集自云南省迪庆藏族自治州维西傈僳族自治县南极洛和德贡公路（碧罗雪山），采集人：饶定齐、王家忠、张红元、辉洪。

鉴别特征：头较高，略宽，吻端较尖；体背面有密集排列的扁平大疣粒；体背面颜色变异多，多杂以深色宽纵纹。

形态描述：体长雄蟾约75 mm，雌蟾约54 mm。头较高，略宽，吻端较尖，瞳孔纵置，无鼓膜，上颌齿较发达；体背面有密集排列的扁平大疣粒；胫背面和跗部外缘具腺体，后肢较短，第4趾具蹼；腹部光滑。体背面颜色变异多，棕色为主，杂以深色宽纵纹，两眼间深棕或棕黑色三角斑显著；腹面灰棕色。雄性内侧2指婚刺细密，前肢上臂和前臂内侧也有细刺团；胸部刺团2对，其上刺细密。

地理分布：中国特有种，分布于云南西北部碧罗雪山山脉。

生态习性：生活于海拔3200~3600 m山溪或泉水及附近，周围有茂密植被，环境阴湿。成蟾白天隐藏在溪边石下或倒木下，夜间出外捕食昆虫。繁殖期5-7月。

物种对比：碧罗齿突蟾（见204页图）与胸腺齿突蟾（见193页图）相近，但碧罗齿突蟾头较宽扁；体背面有密集排列的扁平圆疣；胫背面和跗部外缘有腺体；雄性胸部刺团2对，小，前肢上臂和前臂内侧有细痣粒，内侧2指有细密婚刺。

梅里齿突蟾
Scutiger meiliensis Rao, Hui, Zhu and Ma, sp. nov.

正模标本Holotype： KIZ-RA20200010，雄（male）。2020年5月采集自云南省迪庆藏族自治州德钦县雨崩村，采集人：饶定齐、王家忠、张红元、辉洪。

副模标本Paratypes： KIZ-RA20200011、KIZ-RA20200012，雌（female）。2020年5月采集自云南省迪庆藏族自治州德钦县雨崩村，采集人：饶定齐、王家忠、张红元、辉洪。

鉴别特征： 头长宽几相等，较宽厚；体背面有排列规则的短腺褶和圆疣；胫背面和跗部外缘无腺体。雄性内侧2指婚刺细密，前肢上臂和前臂内侧无细刺团，胸部刺团2对，小。

形态描述： 体长雄蟾约70 mm，雌蟾约65 mm。头长宽几相等，较宽厚，吻端钝圆，瞳孔纵置，无鼓膜，上颌齿较发达；体背面有排列较为规则的短腺褶和圆疣；胫背面和跗部外缘无腺体，后肢较短，第4趾微蹼；腹部光滑。体背面颜色多为黑棕色或棕色，疣粒色浅，成体两眼间有不明显的深棕或棕黑色三角斑；腹面灰棕色。雄性内侧2指婚刺细密，前肢上臂和前臂内侧无细刺团，胸部刺团2对，小，其上刺细密。

地理分布： 中国特有种，分布于云南西北部梅里雪山。

生态习性： 生活于海拔3500~4200 m环境阴湿、植被茂密的高山溪流或泉水及周围，隐藏在溪边石下或倒木下，夜间捕食昆虫等。5-7月，雌雄蟾入溪交配产卵。

物种对比： 梅里齿突蟾（见205页图）与胸腺齿突蟾（见193页图）相近，但新种头较高，长宽几相等；体背面有排列较为规则的圆疣和短腺褶；胫背面和跗部外缘无腺体；雄性胸部刺团2对，小，前肢上臂和前臂内侧无细刺团，内侧2指婚刺细密。

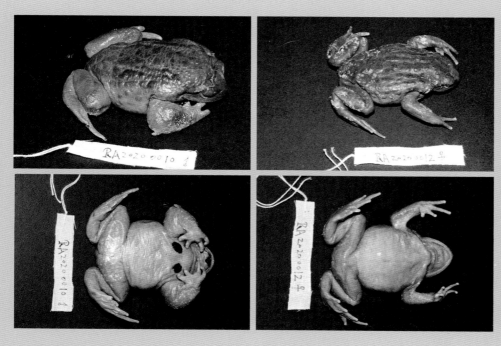

云岭蟾蜍
Bufo yunlingensis Rao, Hui, Zhu and Ma, sp. nov.

正模标本Holotype：KIZ-RA200003，雌（female，体长71.5 mm）。2020年5月14日采集自云南省迪庆藏族自治州德钦县德贡公路旁（碧罗雪山），采集人：饶定齐、王家忠、张红元、辉洪。

副模标本Paratypes：KIZ-RA200003，雌（female）。2020年5月14日采集自云南省迪庆藏族自治州德钦县德贡公路旁（碧罗雪山），采集人：饶定齐、王家忠、张红元、辉洪。

鉴别特征：体形中等，体长65~75 mm。上眼睑内侧及吻棱上有小疣，鼓膜较大，耳后腺长形；胫部有大瘰疣，体背面皮肤较为光滑，有稀疏大疣粒，无痣粒，体侧满布大小不一的疣粒，且肩后有一斜向排列的大疣粒。体背黄褐、灰褐或橄榄灰色，头侧和体侧有橘红色区域；腹面黄白或浅褐色。雄性内侧3指有婚刺，无声囊。

形态描述：体形中等，体长雄蟾约67 mm，雌蟾约74 mm。头部无骨质脊棱，吻略短，吻棱不明显，鼓膜较大，明显，耳后腺长形。皮肤较为光滑，有稀疏大瘰粒，无细小痣粒；胫部有大瘰疣，体侧满布大小不一的疣粒，趾侧缘膜显著，第4趾具半蹼，一般有跗褶。体背黄褐、灰褐或橄榄灰色，上有深褐色斑，背部正中一般没有浅色纵纹；腹部及体侧一般有土红色斑纹，腹面黄白或浅褐色，斑纹极显著，后面有一深色大斑块。雄性内侧3指有婚刺，无声囊。

地理分布：中国特有种，分布于云南西北部横断山区。

生态习性：生活在海拔2100~3200 m的河谷地区。白天隐藏于水沟或静水坑旁杂草丛中、石块下或土隙内，黄昏后多在开阔地或路边活动。蝌蚪生活在水塘中，常集群在水草间或腐物周围。

物种对比：云岭蟾蜍（见214、215页图）与中华蟾蜍（见208、209页图）、圆疣蟾蜍（见212、213页图）相近。云岭蟾蜍与中华蟾蜍相比，后者体形较大；耳后腺大，上眼睑内侧及吻棱上无显著的疣；体背面瘰粒大、数量少而稀疏，背部正中没有浅色纵纹，胫部有大瘰粒；腹部及体侧一般有土红色斑纹，腹面斑纹极显著，腹部后面有一深色大斑块；一般有跗褶。云岭蟾蜍与圆疣蟾蜍相比，后者背部皮肤具有痣粒，比较粗糙，体侧及腹面无橘红色花斑，腹面无深色斑纹或斑纹不显著，腹部后面无深色大斑块；雄性无声囊。

永德溪蟾
Torrentophryne yongdeensis Rao, Liu, Ma and Zhu, sp. nov.

正模标本Holotype： KIZ2014003434，雌（female，体长60 mm）。2013年3月2日采集自云南省临沧市永德县大雪山自然保护区，采集人：饶定齐、欧阳德才。

副模标本Paratypes： KIZ2014003431，雄（male，体长55 mm）；KIZ2014003432，雌（female，体长59 mm）；KIZ2014003433，雄（male，体长57 mm）。2013年3月2日采集自云南省临沧市永德县大雪山自然保护区，采集人：饶定齐、欧阳德才等。

鉴别特征： 体形较小，体长雄性约50~65 mm，雌性约80 mm；背部有疣粒被痣粒或棘；四肢较粗壮；背中央无浅色脊纹。

形态描述： 体形较小，体长雄蟾约50~65 mm，雌蟾约80 mm。头宽大于头长，头顶平坦，吻端钝圆形，向上唇前面倾斜，鼻孔高位，近吻端，无鼓膜，无耳柱骨；四肢较粗壮，指间无蹼，指侧有缘膜，后肢短，趾端略扁平，无关节下瘤，无跗褶；通身背、腹密被疣粒和痣粒，疣粒和痣粒顶部均有一角质颗粒或棘。头体背面棕色，有不规则的深色斑，背中央一般有1条清晰浅色脊纹，头侧和头背有深色斑纹；前臂及肘关节有模糊界线的深棕色斑纹，胫背有深棕色斑纹。

地理分布： 中国特有种，分布于云南省临沧市永德县。

生态习性： 生活在海拔1900~2500 m中山带常绿阔叶林下的山溪急流及其附近，所在环境为阔叶林间的开阔地，繁殖期间集中在溪流缓流处边缘。

物种对比： 永德溪蟾（见219页图）与哀牢蟾蜍（见206页图）、隐耳蟾蜍（见207页图）相似。永德溪蟾与哀牢蟾蜍相比较，前者体形较大，体长雄蟾50~65 mm，雌蟾约80 mm，四肢较强壮，皮肤粗糙，背面密布均匀小疣粒，其间散有小瘰疣；体背面黄棕色，具浅色脊线；后者栖息环境海拔较高，为2550~2600 m。永德溪蟾与隐耳蟾蜍的区别在于，后者较大，体长雄蟾65~70 mm，雌蟾60~77 mm；耳后腺略扁平，头顶及上眼睑散有小疣粒；背面瘰疣稀疏而圆，黑色角质刺；指端钝圆，指间微蹼，后肢短，趾端略圆，趾间蹼不发达；背面灰褐色或黄灰色，背脊一般有一条细脊纹从体中部至肛前方；栖息于海拔450~870 m山地林区草丛间。

邦达倭蛙
Nanorana bangdaensis Rao, Hui, Zhu and Ma, sp. nov.

正模标本Holotype： KIZ-RA160010，雌（female，体长43 mm）。2016年10月2日采集自西藏自治区昌都市八宿县邦达镇，采集人：辉洪、宋心强、马晓会。

副模标本Paratypes： KIZ-RA160008，雌（female，体长35 mm）；KIZ-RA160011，雌（female，体长36 mm）；KIZ-RA160007，雄（male，体长33 mm）；KIZ-RA160009，雄（male，体长33.5 mm）；KIZ-RA160012，雄（male，体长33 mm）。2016年10月2日采集自西藏自治区昌都市八宿县邦达镇，采集人：辉洪、宋心强、马晓会等。

鉴别特征： 头长约等于头宽，鼓膜不明显；背部皮肤较光滑，背面有少量短疣或皮肤褶。背面灰绿色，无明显深色斑，体侧色浅，杂以不规则碎斑点。

形态描述： 雄性体长30～40 mm，雌性体长23～44 mm。头长约等于头宽，吻端突出于下颌，鼻孔位于吻端和眼前角中间位置，鼓膜不明显，颞褶宽厚，只延伸至嘴角；前肢较粗壮，指端钝圆，胫跗关节前达眼后角，趾端略尖细，趾间蹼发达；背部皮肤较光滑，背面有少量短疣或皮肤褶，体侧有小疣粒；四肢背面皮肤比较光滑，无小疣粒；腹面光滑。背面灰绿色，无明显深色斑；体侧色浅，杂以不规则碎斑点；腹面色浅无斑。雄性皮肤较粗糙，第1指有发达的婚垫，胸部有一对黑色的刺团。

地理分布： 中国特有种，分布于西藏自治区昌都市。

生态习性： 生活于海拔4000~4500 m高山沼泽地、路边水沟、水坑或池塘边草地。

物种对比： 邦达倭蛙（见278页图）与高山倭蛙（见279页图）相近，但头长约等于头宽，鼓膜不明显；背部皮肤较光滑，背面有少量短疣或皮肤褶；背面灰绿色，无明显深色斑，体侧色浅，杂以不规则碎斑点。

丙察察湍蛙
Amolops binchachaensis Rao, Hui, Ma and Zhu, sp. nov.

正模标本Holotype：KIZ-2012002083，雄（male，体长64.5 mm）。2012年4月26日采集自云南省怒江傈僳族自治州贡山独龙族怒族自治县丙中洛镇秋那桶村，采集人：饶定齐、辉洪。

副模标本Paratypes：KIZ-RDQ120020，雌（female，体长65 mm）。2020年10月25日采集自西藏自治区林芝市察隅县察瓦龙乡，采集人：王家忠、饶定齐、张栋儒。

鉴别特征：体形较大，雄蛙体长约50 mm，雌蛙体长约65 mm；头长约等于头宽；背侧褶窄，向后不达胯部；后肢股背面有3~4条黑横纹；咽喉至胸前部乳黄色，腹部和四肢腹面乳黄色。

形态描述：成体体长约65 mm，体扁平而细长。头扁平，头长约等于头宽；吻端较圆，突出于下颌，吻棱清楚；鼻间距大于眼间距；鼓膜较大，圆形；犁骨齿棱细长。前臂及手长约等于体长之半，第1、2指几等长，并短于第4指，第3指吸盘略大；关节下瘤明显，内掌突椭圆形，无外掌突。后肢细长，胫跗关节前达鼻孔或吻端，左右跟部显著重叠；趾吸盘小于指吸盘；第4趾蹼达近端第3关节下瘤，以缘膜前达吸盘，其余趾间满蹼；第1、5趾外侧缘膜发达，关节下瘤清晰，内跖突小，长椭圆形，无外跖突。背面皮肤光滑，无颞褶，背侧褶窄，向后不达胯部；前肢外侧3个指吸盘大，具边缘沟，趾有吸盘和边缘沟，趾间全蹼。头体背面浅黄色，具褐色云碎斑点，吻棱下和眼后至腋部黑色，背侧褶下缘黑色，上颌白色，体侧与体背浅黄色；四肢背面浅黄色，后肢股背面有3~4条黑横纹，胫背面有黑横纹3~4条；咽喉至胸前部乳黄色，腹部和四肢腹面乳黄色。雄性第1指有绒毛状婚垫，无声囊。

地理分布：中国特有种，分布于西藏和云南交界处怒江一支流河谷。

生态习性：生活于海拔2000 m以上山区河谷小溪流或瀑布及其附近水域。成蛙白天隐匿于石下，夜间蹲伏在溪流边缘或水中的大岩石上，受惊扰时，立即跳进水中。

物种对比：丙察察湍蛙（见295页图）与林芝湍蛙（见309页图）相近，但后者体形较大，雌蛙58~71 mm；皮肤光滑，体侧及腹面光滑，背侧褶宽厚；前臂指端有吸盘和横沟，后肢细长，趾端均具吸盘和横沟；体色变化颇大，背面棕褐色或浅土黄色，散有不规则棕色斑，体侧前半棕黑色，后半墨绿色；上臂及股、胫部可见深色横纹；咽喉部肉红色散布有不规则小斑，腹部浅黄色散有深色小斑。生活于海拔1887~2491 m环境阴湿、陡峭、水流急的溪流及其附近，周围植被茂盛，溪内石块上长满苔藓，地面杂草丛生，落叶丰富；常见于溪流边缘或溪中，特别是瀑布旁、岩石上或朽木下。繁殖期6-9月。分布区域较大。

注：定名人信息
Rao: Rao Dingqi（饶定齐），中国科学院昆明动物研究所（KIZ / CAS），昆明
Zhu: Zhu Jianguo（朱建国），中国科学院昆明动物研究所（KIZ / CAS），昆明
Ma: Ma Xiaofeng（马晓锋），中国科学院昆明动物研究所（KIZ / CAS），昆明
Hui: Hui Hong（辉洪），中国科学院昆明动物研究所（KIZ / CAS），昆明
Zeng: Zeng Xiaomao（曾晓茂），中国科学院成都生物研究所（CIB / CAS），成都
Liu: Liu Shuo（刘硕），中国科学院昆明动物研究所（KIZ / CAS），昆明。

主要参考资料

【01】费梁, 胡淑琴, 叶昌媛, 等. 中国动物志 两栖纲（上卷）：总论、蚓螈目、有尾目[M]. 北京: 科学出版社, 2009.

【02】费梁, 胡淑琴, 叶昌媛, 等. 中国动物志 两栖纲（中卷）：无尾目[M]. 北京: 科学出版社, 2009.

【03】费梁, 胡淑琴, 叶昌媛, 等. 中国动物志 两栖纲（下卷）：无尾目蛙科[M]. 北京: 科学出版社, 2009.

【04】费梁, 叶昌媛, 江建平. 中国两栖动物及其分布彩色图鉴[M]. 成都: 四川科学技术出版社, 2012.

【05】高正文、孙航. 云南省生物物种名录[M]. 昆明：云南科技出版社，2016: 541-558.

【06】高正文、孙航. 云南省生物物种红色名录[M]. 昆明：云南科技出版社，2017: 605-640.

【07】江建平, 谢锋, 李成, 等. 中国生物物种名录：第二卷 脊椎动物 两栖纲[M]. 北京: 科学出版社, 2020: 1-129.

【08】蒋志刚主编. 中国生物多样性红色名录脊椎动物. 江建平, 谢峰主编. 第四卷 两栖动物（上册、下册）[M]. 北京：科学出版社, 2021.

【09】刘承钊, 胡淑琴. 中国无尾两栖类[M]. 北京: 科学出版社, 1961.

【10】刘承钊, 胡淑琴, 杨抚华. 1958年云南省两栖类调查报告[J]. 动物学报, 1960, 12(2): 149-174.

【11】刘国才, 苏承业, 彭沿平. 云南红河地区两栖爬行动物资源调查[A]. 云南南部地区生物资源科学考察报告[M]. 昆明: 云南民族出版社, 1987: 188-202.

【12】杨大同. 云南两栖类志[M]. 北京: 中国林业出版社, 1991: 1-259.

【13】杨大同, 饶定齐. 云南两栖爬行动物[M]. 昆明: 云南科技出版社, 2008.

【14】杨大同, 苏承业, 利思敏. 高黎贡山两栖爬行动物新种和新亚种[J]. 动物分类学报, 1979, 4(2): 185-188.

【15】杨大同, 苏承业, 利思敏. 云南横断山两栖爬行动物研究[J]. 两栖爬行动物学报, 1983, (2): 37-49.

【16】赵尔宓, 杨大同. 横断山区两栖爬行动物[M]. 北京: 科学出版社, 1997.

【17】中国科学院昆明动物研究所. 中国两栖类信息系统 [DB]. http://www.amphibiachina.org. 2021.

【18】FROST DR. Amphibian Species of the World Version 6.0, an Online Reference. New York, USA: American Museum of Natural History, 2020.

【19】IUCN. The IUCN Red List of Threatened Species [DB]. Version 2021-3. https://www.iucnredlist.org. 2021.

学名索引

A

Amolops afghanus 克钦湍蛙	292
Amolops aniqiaoensis 阿尼桥湍蛙	293
Amolops bellulus 片马湍蛙（丽湍蛙）	294
Amolops binchachaensis sp.nov. 丙察察湍蛙 新种	295
Amolops caelumnoctis 星空湍蛙	296
Amolops chayuensis 察隅湍蛙	297
Amolops chunganensis 崇安湍蛙	298
Amolops granulosus 棘皮湍蛙	299
Amolops iriodes 绿湍蛙（中国新记录）	300
Amolops jinjiangensis 金江湍蛙	301
Amolops lifanensis 理县湍蛙	302
Amolops loloensis 棕点湍蛙	303
Amolops mantzorum 四川湍蛙	304
Amolops marmoratus 西域湍蛙	305
Amolops medogensis 墨脱湍蛙	306
Amolops mengyangensis 勐养湍蛙	308
Amolops nyingchiensis 林芝湍蛙	309
Amolops ricketti 华南湍蛙	310
Amolops tuberodepressus 平疣湍蛙	311
Amolops viridimaculatus 绿点湍蛙	312
Amolops xinduqiao 新都桥湍蛙	313
Andrias davidianus 中国大鲵	55
Atympanophrys gigantica 大花无耳蟾	136
Atympanophrys shapingensis 沙坪无耳蟾	139

B

Bamburana nasuta 鸭嘴竹叶蛙	334
Bamburana versabilis 竹叶蛙	335
Batrachuperus karlschmidti 无斑山溪鲵	56
Batrachuperus londongensis 龙洞山溪鲵	57
Batrachuperus pinchonii 山溪鲵	58
Batrachuperus tibetanus 西藏山溪鲵	61
Batrachuperus yenyuanensis 盐源山溪鲵	62
Bombina fortinuptialis 强婚刺铃蟾	110
Bombina lichuanensis 利川铃蟾	111
Bombina maxima 大蹼铃蟾	112
Bombina microdeladigitora 微蹼铃蟾	113
Boulengerana guentheri 沼蛙	326
Brachytarsophrys carinense 宽头短腿蟾	143
Brachytarsophrys chuannanensis 川南短腿蟾	144
Brachytarsophrys feae 费氏短腿蟾	145

Brachytarsophrys platyparietus 平顶短腿蟾　141
Bufo ailaoanus 哀牢蟾蜍　206
Bufo cryptotympanicus 隐耳蟾蜍　207
Bufo gargarizans 中华蟾蜍　209
Bufo tibetanus 西藏蟾蜍　211
Bufo tuberculatus 圆疣蟾蜍　213
Bufo yunlingensis sp. nov. 云岭蟾蜍 新种　214
Bufotes zamdaensis 札达漠蟾蜍　220

C

Chiromantis doriae 背条跳树蛙　376
Chiromantis vittatus 侧条跳树蛙　378
Cynops chenggongensis 呈贡蝾螈　76
Cynops cyanurus 蓝尾蝾螈　77
Cynops puerensis sp. nov. 普洱蝾螈 新种　78
Cynops wolterstorffi 滇螈　79

D

Duttaphrynus cyphosus 隆枕头棱蟾蜍　221
Duttaphrynus himalayanus 喜山头棱蟾蜍　222
Duttaphrynus melanostictus 黑眶头棱蟾蜍　223
Duttaphrynus stuarti 司徒头棱蟾蜍　225

E

Eihyla fuhua 抚华费树蛙　379

F

Feirana quadranus 隆肛蛙　276
Fejervarya cancrivora 海陆蛙　251
Fejervarya multistriata 泽陆蛙　253

G

Glyphoglossus yunnanensis 云南小狭口蛙　234
Gracixalus gracilipes 黑眼睑纤树蛙　380
Gracixalus jinxiuensis 金秀纤树蛙　381
Gracixalus nonggangensis 弄岗纤树蛙　382
Gracixalus yunnanensis 云南纤树蛙　383
Gynandropaa bourreti 布氏棘蛙　263
Gynandropaa liui 无声囊棘蛙　264
Gynandropaa phrynoides 双团棘胸蛙　266

Gynandropaa sichuanensis 四川棘蛙	267
Gynandropaa yunnanensis 云南棘蛙	268

H

Hoplobatrachus chinensis 虎纹蛙	257
Hyla annectans 华西雨蛙	226
Hyla annectans chuanxiensis 华西雨蛙川西亚种	227
Hyla annectans jingdongensis 华西雨蛙景东亚种	228
Hyla annectans tengchongensis 华西雨蛙腾冲亚种	229
Hyla chinensis 中国雨蛙	230
Hyla immaculata 无斑雨蛙	231
Hyla simplex 华南雨蛙	232
Hyla zhaopingensis 昭平雨蛙	233
Hylarana macrodactyla 长趾纤蛙	314
Hylarana taipehensis 台北纤蛙	315
Hynobius maoershanensis 猫儿山小鲵	63

I

Ichthyophis bannanicus 版纳鱼螈	51

K

Kalophrynus interlineatus 花细狭口蛙	235
Kaloula nonggangensis 弄岗狭口蛙	236
Kaloula pulchra 花狭口蛙	237
Kaloula rugifera 四川狭口蛙	238
Kaloula verrucosa 多疣狭口蛙	239
Kurixalus odontotarsus 锯腿原指树蛙	384

L

Leptobrachella alpina 高山掌突蟾	115
Leptobrachella liui 福建掌突蟾	116
Leptobrachella oshanensis 峨山掌突蟾	117
Leptobrachella pelodytoides 鳖掌突蟾	118
Leptobrachella pingbianensis sp. nov. 屏边掌突蟾 新种	119
Leptobrachella shangsiensis 上思掌突蟾	120
Leptobrachella sungi 三岛掌突蟾	121
Leptobrachella ventripunctata 腹斑掌突蟾	123
Leptobrachium ailaonicum 哀牢髭蟾	124
Leptobrachium boringii 峨眉髭蟾	127
Leptobrachium chapaense 沙巴拟髭蟾	129
Leptobrachium guangxiense 广西拟髭蟾	130
Leptobrachium huashen 华深拟髭蟾	131
Leptobrachium leishanense 雷山髭蟾	132
Leptobrachium promustache 原髭蟾（密棘髭蟾）	133
Leptobrachium tengchongense 腾冲拟髭蟾	134

Leptobrachium yaoshanensis 瑶山髭蟾	135
Limnonectes bannaensis 版纳大头蛙	258
Limnonectes longchuanensis 陇川大头蛙	259
Limnonectes taylori 泰诺大头蛙	260
Liua shihi 巫山巴鲵	65
Liua tsinpaensis 秦巴巴鲵	67
Liuhurana shuchinae 胫腺蛙	375
Liuixalus jinxiuensis 金秀刘树蛙	385
Liuixalus shiwandashan 十万大山刘树蛙	386
Liurana xizangensis 西藏舌突蛙	249

M

Maculopaa chayuensis 察隅棘蛙	269
Maculopaa conaensis 错那棘蛙	270
Maculopaa maculosa 花棘蛙	271
Maculopaa medogensis 墨脱棘蛙	272
Megophrys binchuanensis 宾川角蟾	147
Megophrys boettgeri 淡肩角蟾	148
Megophrys daweimontis 大围角蟾	149
Megophrys glandulosa 腺角蟾	167
Megophrys jingdongensis 景东角蟾	151
Megophrys liboensis 荔波角蟾	153
Megophrys major 大角蟾	169
Megophrys medogensis 墨脱角蟾	171
Megophrys minor 小角蟾	155
Megophrys omeimontis 峨眉角蟾	157
Megophrys pachyproctus 凸肛角蟾	172
Megophrys palpebralespinosa 粗皮角蟾	158
Megophrys parva 凹顶角蟾	173
Megophrys shuichengensis 水城角蟾	161
Megophrys spinata 棘指角蟾	163
Megophrys wuliangshanensis 无量山角蟾	165
Megophrys zhangi 张氏角蟾	174
Microhyla berdmorei 缅甸姬蛙	240
Microhyla butleri 粗皮姬蛙	241
Microhyla fissipes 饰纹姬蛙	242
Microhyla fowleri 大姬蛙	243
Microhyla heymonsi 小弧斑姬蛙	244
Microhyla pulchra 花姬蛙	245
Micryletta inornata 德力小姬蛙	247
Micryletta menglienica 孟连小姬蛙	246
Minervarya chiangmaiensis 清迈泽陆蛙	255

N

Nanorana bangdaensis sp. nov. 邦达倭蛙 新种	278
Nanorana parkeri 高山倭蛙	279

Nanorana pleskei 倭蛙	280
Nanorana ventripunctata 腹斑倭蛙	281
Nasutixalus medogensis 墨脱棱鼻树蛙	387
Nidirana adenopleura 弹琴蛙	327
Nidirana daunchina 仙琴蛙	328
Nidirana lini 林琴蛙	331
Nidirana pleuraden 滇琴蛙	333

O

Occidozyga lima 尖舌浮蛙	290
Occidozyga martensii 圆蟾舌蛙	291
Odorrana andersonii 云南臭蛙	337
Odorrana anlungensis 安龙臭蛙	338
Odorrana cangyuanensis 沧源臭蛙	340
Odorrana chapaensis 沙巴臭蛙	341
Odorrana geminata 越北臭蛙	343
Odorrana grahami 无指盘臭蛙	345
Odorrana graminea 大绿臭蛙	346
Odorrana hejiangensis 合江臭蛙	347
Odorrana jingdongensis 景东臭蛙	348
Odorrana junlianensis 筠连臭蛙	349
Odorrana lipuensis 荔浦臭蛙	350
Odorrana lungshengensis 龙胜臭蛙	351
Odorrana macrotympana 大耳臭蛙	352
Odorrana margaretae 绿臭蛙	353
Odorrana rotodora 圆斑臭蛙	355
Odorrana schmackeri 花臭蛙	357
Odorrana tabaca 麻点臭蛙（中国新记录）	358
Odorrana tiannanensis 滇南臭蛙	359
Odorrana wuchuanensis 务川臭蛙	360
Odorrana zhaoi 墨脱臭蛙	361
Ophryophryne microstoma 小口拟角蟾	146
Oreolalax chuanbeiensis 川北齿蟾	175
Oreolalax granulosus 棘疣齿蟾	177
Oreolalax jingdongensis 景东齿蟾	179
Oreolalax liangbeiensis 凉北齿蟾	180
Oreolalax nanjiangensis 南江齿蟾	181
Oreolalax omeimontis 峨眉齿蟾	182
Oreolalax pingii 秉志齿蟾	183
Oreolalax popei 宝兴齿蟾	184
Oreolalax puxiongensis 普雄齿蟾	185
Oreolalax rhodostigmatus 红点齿蟾	186

Oreolalax rugosus 疣刺齿蟾	187
Oreolalax xiangchengensis 乡城齿蟾	188

P

Paa polunini 波留宁棘蛙	273
Pachytriton archospotus 弓斑肥螈	80
Pachytriton inexpectatus 瑶山肥螈	81
Pachytriton moi 莫氏肥螈	82
Paramesotriton caudopunctatus 尾斑瘰螈	83
Paramesotriton deloustali 越南瘰螈（德氏瘰螈）	85
Paramesotriton fuzhongensis 富钟瘰螈	86
Paramesotriton guanxiensis 广西瘰螈	87
Paramesotriton labiatus 无斑瘰螈	88
Paramesotriton longliensis 龙里瘰螈	89
Paramesotriton malipoensis sp. nov. 麻栗坡瘰螈 新种	91
Paramesotriton maolanensis 茂兰瘰螈	92
Paramesotriton wulingensis 武陵瘰螈	93
Paramesotriton zhijinensis 织金瘰螈	95
Pelophylax nigromaculatus 黑斑侧褶蛙	362
Polypedates impresus 凹顶泛树蛙	388
Polypedates megacephalus 斑腿泛树蛙	389
Polypedates mutus 无声囊泛树蛙	390
Pseudohynobius flavomaculatus 黄斑拟小鲵	69
Pseudohynobius guizhouensis 贵州拟小鲵	70
Pseudohynobius jinfo 金佛拟小鲵	71
Pseudohynobius kuankuoshuiensis 宽阔水拟小鲵	72
Pseudohynobius puxiongensis 普雄拟小鲵	73
Pseudohynobius shuichengensis 水城拟小鲵	75

Q

Quasipaa boulengeri 棘腹蛙	283
Quasipaa robertingeri 合江棘蛙	285
Quasipaa shini 棘侧蛙	286
Quasipaa spinosa 棘胸蛙	287
Quasipaa verrucospinosa 多疣棘蛙	289

R

Rana chaochiaoensis 昭觉林蛙	364
Rana chensinensis 中国林蛙	366
Rana chevronta 峰斑林蛙	367

Rana johnsi 越南趾沟蛙	368
Rana kukunoris 高原林蛙	369
Rana maoershanensis 猫儿山林蛙	370
Rana omeimontis 峨眉林蛙	371
Rana weiningensis 威宁趾沟蛙	372
Rana zhenhaiensis 镇海林蛙	373
Raorchestes longchuanensis 陇川灌树蛙	391
Raorchestes menglaensis 勐腊灌树蛙	392
Rhacophorus bipunctatus 双斑树蛙	393
Rhacophorus kio 黑蹼树蛙	394
Rhacophorus laoshan 老山树蛙	395
Rhacophorus rhodopus 红蹼树蛙	396
Rhacophorus translineatus 横纹树蛙	397

S

Scutiger adungensis 阿东齿突蟾（中国新记录）	189
Scutiger bangdaensis sp. nov. 邦达齿突蟾 新种	190
Scutiger biluoensis sp. nov. 碧罗齿突蟾 新种	204
Scutiger boulengeri 西藏齿突蟾	191
Scutiger chintingensis 金顶齿突蟾	192
Scutiger glandulatus 胸腺齿突蟾	193
Scutiger gongshanensis 贡山齿突蟾	194
Scutiger jiulongensis 九龙齿突蟾	195
Scutiger maculatus 花齿突蟾	196
Scutiger mammatus 刺胸齿突蟾	197
Scutiger meiliensis sp. nov. 梅里齿突蟾 新种	205
Scutiger muliensis 木里齿突蟾	198
Scutiger nyingchiensis 林芝齿突蟾	199
Scutiger sikimmensis 锡金齿突蟾	200
Scutiger spinosus 刺疣齿突蟾	201
Scutiger tuberculatus 圆疣齿突蟾	202
Scutiger wuguanfui 吴氏齿突蟾	203
Sylvirana bannanica 版纳水蛙	316
Sylvirana cubitalis 肘腺水蛙	320
Sylvirana hekouensis 河口水蛙	317
Sylvirana lateralis 黑斜线水蛙	318
Sylvirana latouchii 阔褶水蛙	319
Sylvirana maosonensis 茅索水蛙	321
Sylvirana menglaensis 勐腊水蛙	323
Sylvirana nigrotympanica 黑耳水蛙	324

T

Taylorana liui 刘氏泰诺蛙   261
Theloderma albopunctatum 白斑棱皮树蛙   398
Theloderma corticale 北部湾棱皮树蛙   399
Theloderma gordoni 印支棱皮树蛙   400
Theloderma lateriticum 砖背棱皮树蛙   401
Theloderma moloch 棘棱皮树蛙   402
Theloderma rhododiscus 红吸盘棱皮树蛙   403
Torrentophryne aspinia 无棘溪蟾   216
Torrentophryne burmanus 缅甸溪蟾   217
Torrentophryne tuberospinia 疣棘溪蟾   218
Torrentophryne yongdensis sp. nov. 永德溪蟾 新种   219
Tylototriton kweichowensis 贵州疣螈   97
Tylototriton joe sp. nov. 片马疣螈 新种   98
Tylototriton pseudoverrucosus 川南疣螈   99
Tylototriton pulcherrimus 丽色疣螈   100
Tylototriton shanjing 红瘰疣螈   101
Tylototriton taliangensis 大凉疣螈   103
Tylototriton verrucosus 棕黑疣螈   104
Tylototriton yangi 滇南疣螈   105

U

Unculuana unculuanus 棘肛蛙   274

Y

Yaotriton asperrimus 细痣瑶螈   106
Yaotriton wenxianensis 文县瑶螈   107

Z

Zhangixalus burmanus 缅甸树蛙   405
Zhangixalus chenfui 经甫树蛙   407
Zhangixalus dennysi 大树蛙   409
Zhangixalus dorsoviridis 绿背树蛙   411
Zhangixalus duboisi 棘皮树蛙   413
Zhangixalus dugritei 宝兴树蛙   415
Zhangixalus feae 棕褶树蛙   417
Zhangixalus leucofasciatus 白线树蛙   418
Zhangixalus minimus 侏树蛙   419
Zhangixalus nigropunctatus 黑点树蛙   420
Zhangixalus omeimontis 峨眉树蛙   421
Zhangixalus smaragdinus 白颌大树蛙   422
Zhangixalus yaoshanensis 瑶山树蛙   423

照片摄影者索引
（按姓名拼音顺序排列）

陈伟才：63，87，120，130（上），232，250，350，373，401（下），423

范毅：60，234（下），248，249，279（上、下），280（下），400（上），405（下），410，411

谷晓明：72，92

侯勉：57，64，68，69，70（下），71（上、下），111，221，235，287（下）

黄勇：106（上、下），207（下），310（上），319（上、下），326（下），327（上），334，335（上、下），356（上），357，384，408（下）

辉洪：51，59（下），76，77（下），78，85，97，100（上），102，104（上、下），105（上），112（下），113（上），117，118（上），119，122，123，125（下），126，128，129（上、下），131（上、下），133（上），134，137（下），138（上、下），140，142（上），143，144（上、下），145（下），146（下），147，148，149（上），150（上），158，162，164，166，167（上、下），168，169，171，173（上、下），176，177，178（上），179，182（上、下），187（上、下），188，190，196，197（下），198（上、下），202（下），206（上、下），207（上），209（上），211，212，213，215（上、下），216，217（下），218（上、下），224，227，229（上、下），234（上、中），237（上、中），238（上、下），239（上、下），240（上、下），241（上、下），242（上、下），243（上），244（上），245（上、中、下），246（上、下），247（上、下），252（上），254，255，256（下），257，258（上、中），259（上、下），260，261（上、下），263（上、中），264，265，266（下），267（上、下），268（上、下），269（上、下），274，275（下），276，278，280（上），281（上、下），282，283（上、下），284（中、下），285，287（上），288，289，290，291，293，294，295（下），300（上、下），301（上、中），303（上、下），305（上），306，308，310（下），311（上、下），312（上），317，320，321（上、下），322，323（上、中），324，325，326（上），328，330，331，332（上），337（上），338，339，341（上、下），342（上、下），343，344（上、下），346（上），348（下），349（上、下），355，361，364（上、下），367（上、下），368（上、下），369，371（下），376，377（下），378（上），379（上），380（上），381（下），383，388（上、下），389（上、中、下），390（上），391（上、中、下），392（上、下），393（上、中、下），394（上、下），395（上），396（上、中），398（上），399（上），401（上），403（上、下），405（上），412，414（上、下），420（上、下），421（上、下），422（上、下）

李仕泽：82，231

刘硕：80，116，118（下），159（下），230（上、下），292，314，327（下），382，400（下），402，409

马晓锋：54，58，77（上），84，90，91，96，100（下），101（上、下），113（下），115，124，125（上），127，132（上、下），133（下），137（上），145（上），149（下），150（下），151，154，178（下），186（上、下），194（中、下），197（上），209（下），210（上、下），214，215（中），217（上），223（上），225（上、下），228（上、下），234（中），242（中），244（下），252（中、下），256（上），258（下），262，263（下），271，275（中），296（上、下），301（下），305（中、下），307（上），312（下），323（下），336，342（中），346（下），347（上、下），348（上），351（上、下），352（上、下），353，354，356（下），358，359（上、下），360（上、下），362，363（上、中），365，371（上），377（上），378（下），380（下），390（下），395（下），396（下），398（下），399（下），404，413（下），415，416，417（上、下）

莫运明：86，88，121，236，386，418

覃海华：174，200，270，273

卿立燕：277

饶定齐：50，79，81，83，98，110，114，130（下），135，146（上），155，159（上），165，170，172（上、下），183（下），191，194（上），199，203，204（上、下），205（上、下），219，272，275（上），295（上），307（下），309，315（下），316（上、下），318，333，381（上），385，387（上、下），397，408（上），419（上、下），所有11个新种的标本照（424~434）

饶静秋：379（下）

孙国政：189（上），222，297

田应洲：70（上），74，89，93，94，95，107，152，160，286，298（上），315（上）

汪继超：251

王继山：189（下），233

熊建利，62

杨大同：217（中）

杨典成：220

袁智勇：340

曾晓茂：56，59（上），73，103，139，175，181，183（上），184，185，192，195，202（上），298（下），302（上、下），304（上、下），313（上、下），370，406，407

张明旺：99，201

赵惠：66，299

郑渝池：156，180，284（上），329，374

朱建国：55，105（下），112（上），136，142（下），193，202（中），208，223（下），237（下），243（下），253，266（上），312（中），332（下），337（下），345，363（下），364（下），366（上、下），372，413（上）

后 记

本卷共收录介绍了分布在我国西藏、云南、四川、重庆、贵州、广西六省（自治区、直辖市）的具有典型特征或代表性的两栖动物295种，以及它们的原生态照片。每个物种依次列出了其分类信息，如所属目、科、种的中文名和拉丁名；物种介绍包括保护等级，濒危等级，体形或大小，主要识别特征，重要生物学或生态习性，地理分布介绍（包括国内分布和国外分布）。

本卷主要以费梁等（2012）《中国两栖动物及其分布彩色图鉴》、江建平等（2020）《中国生物物种名录 第二卷·动物·脊椎动物·两栖纲》，以及近年来发表的其他科学文献为依据确定分类系统。在本书编写的文献调研过程中，我们统计得到中国两栖动物已记录3目13科62属592种，其中的3目13科55属424种在西南地区有分布，属和种数分别占全国的86%、72%。西南各地已知的两栖动物种类分别是云南省215种、广西壮族自治区134种、四川省111种、贵州省102种、西藏自治区72种、重庆市50种。我国两栖动物的主要类群在此区域都有分布，可见此区域两栖动物物种的丰富性和重要性。

本卷分别收录并介绍了蚓螈目1种，有尾目42种，无尾目252种，合计295种。其中有尾目3种和无尾目8种为本书发表的新种，分别是普洱蝾螈、麻栗坡瘰螈、片马疣螈、屏边掌突蟾、邦达齿突蟾、云岭蟾蜍、永德溪蟾、邦达倭蛙、丙察察湍蛙、梅里齿突蟾、碧罗齿突蟾。其中的9种发现于云南，1种发现于云南和西藏交界处，1种发现于西藏，并对所发表的新种以补遗的方式做了专门的补充描述。此外，本书还收录并描述了3个中国新记录：阿东齿突蟾、绿湍蛙、麻点臭蛙。书后还附有主要参考资料、学名索引、照片摄影者索引。

然而，本卷所展示的仅仅是西南地区丰富的两栖动物多样性的部分特色、概貌和典型代表，供读者大致了解，以激发调查、研究的兴趣。但我们目前对两栖动物的认识还很有限，要全面、系统地认识、了解并保护好两栖动物，还有大量的调查和研究工作亟待进行。

本卷物种标注的国内外保护或濒危等级的依据和具体含义如下：

1. 国家重点保护野生动物等级：依据为国务院2021年2月批准，国家林业和草原局、农业农村部发布的《国家重点保护野生动物名录》，分为国家Ⅰ级、Ⅱ级保护野生动物。

2. 物种濒危等级，本书分别列出了全球物种红色名录评估等级和中国物种红色名录评估等级，全球物种红色名录评估等级引自世界自然保护联盟（IUCN）发布的"受威胁物种红色名录"（Red list of threatened species）（2021）；中国物种红色名录评估等级引自蒋志刚等2021年出版的《中国生物多样性红色名录 脊椎动物 第三卷：两栖动物》。不同等级的具体含义为：

灭绝（EX）：如果一个物种的最后一只个体已经死亡，则该物种"灭绝"。

野外灭绝（EW）：如果一个物种的所有个体仅生活在人工养殖状态下，则该物种"野外灭绝"。

地区灭绝（RE）：如果一个物种在某个区域内的最后一只个体已经死亡，则该物种已经"地区灭绝"。

极危（CR）、濒危（EN）和易危（VU）：这3个等级统称为受威胁等级（Threatened categories）。从极危（CR）、濒危（EN）到易危（VU），物种灭绝的风险依次降低。

近危（NT）：当一物种未达到极危、濒危或易危标准，但在未来一段时间内，接近符合或可能符合受威胁等级，则该物种为"近危"。

无危（LC）：当某一物种评估为未达到极危、濒危、易危或近危标准，则该物种为"无危"。广泛分布和个体数量多的物种都属于该等级。

数据缺乏（DD）：当缺乏足够的信息对某一物种的灭绝风险进行评估时，则该物种属于"数据缺乏"。

3. 物种在《濒危野生动植物种国际贸易公约》附录的情况，引自中华人民共和国濒危物种进出口管理办公室、中华人民共和国濒危物种科学委员会编印的2019年版《濒危野生动植物种国际贸易公约》附录Ⅰ、附录Ⅱ和附录Ⅲ，不同附录的具体含义为：

附录Ⅰ：为受到和可能受到贸易影响而有灭绝危险的物种，禁止国际性交易；附录Ⅱ：为目前虽未濒临灭绝，但如对其贸易不严加管理，就可能变成有灭绝危险的物种；附录Ⅲ：为成员国认为属其管辖范围内，应该进行管理以防止或限制开发利用，而需要其他成员国合作控制的物种。

本卷的编写完成，得益于一个多世纪以来，先后在我国特别是西南地区开展两栖动物调查研究的野外工作者和学者，他们研究成果的积累是本书的基础，本书"主要参考资料"列出了部分但显然不是全部的参考或引用的专著或论文。衷心感谢向本卷慷慨提供摄影作品的作者们！他们中有的是专业研究人员，有的是从自然爱好者或摄影爱好者中成长的自然博物学家，许多照片是他们在极端地形或天气下长期或长时间跟踪野生动物，或登高攀缘，或爬冰卧雪，或风里、雨里、水里摸爬滚打，历经艰险才抓拍到的精彩瞬间。感谢本套丛书总主编朱建国先生采纳了我将广西纳入编写范围的建议！感谢杨大同先生对本卷工作的鼓励和鞭策！感谢季维智院士的支持并作序！感谢北京出版集团的刘可先生、杨晓瑞女士、王斐女士和曹昌硕先生等对本书从创意到编辑出版等付出的辛勤劳动。感谢国家自然科学基金委员会、中国科学院、生态环境部、农业农村部、国家林草局等有关部门多年来给予的立项支持与资助！

鉴于笔者水平有限，书中错误难免，诚请读者给予批评和指正。

2020年3月于昆明